꽃이 숨쉬는 책 ④

분화 및 화단식물

Pot & Bedding Plants

부 민 문 화 사
www.bumin33.co.kr

차례

일러두기

Colors
꽃색(다른 품종의 색도 포함)

일반명
일반적으로 사용되는 식물명으로, 일반 화원에서 불리는 명칭과는 다소 차이가 날 수 있음

Keyword
식물의 특징이나 특성을 간략하게 표현

학명의 뜻
학명의 유래나 뜻을 파악함으로써 학명에 대해 보다 친숙하게 됨

학명, 원산지, 분류
학명, 과명, 영명, 원산지, 개화기, 원예분류, 크기, 재배조건 등을 정리

이미지
학명에 해당하는 식물의 대표 이미지

유사종
대표 식물과 관련이 있는 종이나 품종

기르기 포인트
기르기에 관하여 특히 주의해야 할 사항을 기록

개화기
꽃이 피는 시기 또는 잎과 열매의 관상 부위가 보기 좋은 시기

Symbol

☀ 양지	❋❋❋ -5℃까지 견딤
☀ 반그늘	❋❋ 0℃까지 견딤
☀ 음지(에서도 잘 견딤)	❋ 5℃까지 견딤
◌ 물빠짐이 좋은 토양	⟨ pH 알칼리성 토양
◐ 물빠짐이 적당한 토양	
● 물빠짐이 나쁜 토양	

COLORS ● ● ● ○ 　　여름

❋ ❋

캄파눌라, 초롱꽃
마칭색 종 모양의 꽃이 탐스럽게 모여서 피는

▶ Campanula: 라틴어 campana(종)

학명:	Campanula spp.
과명:	초롱꽃과 (Campanulaceae)
영명:	Bellflower
원산지:	북반구 온대~아열대
개화기:	여름
원예분류:	일이년초, 다년초
크기:	10~200cm
발아온도:	15~20℃
생육적온:	15~20℃

▲ *Campanula medium*

▼ 초롱꽃

캄파눌라는 '작은 종 모양'의 의미가 있으며, 북반구의 온대와 지중해연안에 약 250여 종이 분포하고 있다. 우리나라에서는 초롱꽃(*C. punctata*), 섬초롱꽃(*C. takesimana*) 등이 자생하고 있다.

❋ 기르기 포인트
소형종: 일반적으로 4~5월경에 출하되는 꽃 화분을 구입하는 경우가 많다. 봄에 구입한 개화주는 햇빛이 잘 드는 장소에 두고, 비를 오랫동안 맞지 않도록 주의한다. 꽃이 지면 잘라 주거나 솎아 주어 계속해서 꽃이 피도록 유도한다. 꽃이 완전히 지면 시원한 반그늘에서 여름을 보내고 9~10월에 포기나누기를 한다.

1. 이 책에서 다룬 화단 및 분화식물은 속명의 알파벳 순으로 배열하였다.
2. 학명은 기본적으로 도입된 원예식물의 경우에는 「Hortus Ⅲ」 (Liberty Hyde Bailey Hortorium, Macmillan Publishing Company)에 따랐고, 우리나라에 자생하거나 야생하는 식물은 「대한식물도감」 (이창복, 향문사)을 따랐다.
3. 최근에 육성된 원예식물의 경우, 학명은 「園藝植物」(鈴木基夫 등)을 참고하였다.
4. 식물의 학명을 기술할 때 사용된 약자는 다음과 같다
   spp.: 種(species)의 복수를 뜻하는 약자로 그 속에 속한 모든 식물을 총칭한다.
   var.: 變種(variety)의 약자
   cv.: 品種(cultivated variety)의 약자

아부틸론

꽈리모양의 붉은 꽃받침에서 불쑥 노란색 꽃잎이 나오는

▶ A b u t i l o n : *Mallow*속 식물에 대한 아랍명에서 유래

학명:	*Abutilon* spp.
과명:	아욱과
	(Malvaceae)
영명:	Flowering maple,
	Parlor maple,
	Indian mallow
원산지:	열대~아열대
개화기:	여름
원예분류:	화목

▲ *Abutilon hybridum* cv.

열대나 아열대에 150여 종이 분포하고 있는 상록성 다년초 또는 관목으로 따뜻한 곳에서는 정원에 심지만, 우리나라에서는 주로 분화식물로 이용된다. 잎겨드랑이에서 하나의 꽃자루가 나오며, 꽈리처럼 생긴 붉은 꽃받침에서 노란색 꽃잎이 나오고 붉은색 수술이 돌출되어 있는데, 전체적인 모양이 후크시아(89쪽)와 비슷하다.

✻ 기르기 포인트

햇빛이 잘 들고 물빠짐이 좋은 배양토가 적당하다. 어느 정도 내한성이 있으나 추운 곳에서는 생육이 좋지 못하므로 겨울에도 5~8℃ 정도를 유지해 준다. 생장이 빠르기 때문에 화분에서 기를 경우 자주 분갈이를 해 준다.

가지가 자라면서 모양이 엉성해지므로 지주를 세우거나 전정을 해 준다. 보통 꺾꽂이로 번식한다.

톱풀, 아킬레아

잎 모양이 톱처럼 생긴 기르기 쉬운 숙근초

☀ ◇ ❄❄❄

▶ Achillea: 트로이전쟁의 영웅 Achilles에서 유래

학명:	Achillea spp.
과명:	국화과(Compositae)
영명:	Yarrow, Sneezewort
원산지:	유럽
개화기:	여름
원예분류:	다년초, 허브
크기:	60~150cm
종자뿌리기:	9월 하순
(발아온도)	15~20℃
옮겨심기:	4~5월
(생육적온)	15~25℃

▲ Achillea millefolium

▲ A. filipendulina

▲ A. sibirica

서양식 숙근초 화단에 없어서는 안 될 초화로, 절화로도 사랑받고 있으며 yarrow라는 이름의 허브식물로도 이용되고 있다. A. millefolium은 서양톱풀이라고도 불리며, 흰꽃이 기본이지만 붉은색 꽃이 원예종으로서 가장 많이 재배되고 있다. A. filipendulina는 높이가 120~150cm 정도로 노란꽃이 핀다. 우리나라의 산야에서 흔히 자라는 톱풀(A.sibirica)은 높이가 50~110cm 정도로 흰색 꽃이 핀다. 학명은 트로이전쟁의 영웅 Achilles가 상처의 치유에 이 꽃을 사용하였다는 그리스신화와 관련되어 있다. 어린 잎은 샐러드로 이용되기도 한다.

✻ 기르기 포인트

추위에 강하고 튼튼해서 키우기 쉽다. 햇빛이 잘 들고 물빠짐이 좋으며, 그다지 비옥하지 않은 토양이 적당하다. 여름의 고온기에는 건조로 인해 식물체가 약해지기 쉬우므로 물주기에 주의한다. 가을이 되면 지상부가 말라버리므로 밑부분에서 바짝 잘라준다. 번식력이 강하므로 1~2년에 한 번씩 포기나누기를 해 주어야 건강하게 자란다.

아데니움

통통한 줄기와 강렬한 선홍색의 꽃을 가진

▶ Adenium: 그리스어의 aden(gland, 腺)에서 유래
▶ obesum: 수분이 많은(줄기 밑부분이 비대되어)

학명:	*Adenium obesum*
과명:	협죽도과
	(Apocynaceae)
영명:	Desert rose
원산지:	아라비아 남부~열대
	아프리카 동부
개화기:	여름
원예분류:	다육식물

　아데니움이란 이름은 이 식물의 아랍명인 aden을 라틴어화 한 것이라는 설과, 그리스어의 aden(gland, 腺)에서 유래하였다는 설이 있다. "腺"에서 유래한 것은 유액에 독이 있기 때문이라고 한다. 실제로 아데디움의 유액은 독성이 있으므로 만질 때 주의해야 한다.

✳ 기르기 포인트
　물빠짐과 통기성이 좋은 토양이 적당하다. 원산지나 열대지방에서는 정원에서 기르지만 우리나라에서는 햇빛이 좋은 밖에서 기르다가 겨울철에 실내로 들여서 기르는 것이 일반적이다. 저온에 약하지만, 겨울동안 물주기를 줄여 건조상태를 유지하면 얼지 않는 온도에서 월동이 가능한 종도 있다. 햇빛이 풍부한 곳이 좋으며 생장기인 여름에는 비료와 물을 충분히 준다.

아게라텀

실 모양 꽃잎의 꽃이 계속 피어 화단이나 용기에 최적

▶ Ageratum: 그리스어 a(not) + geras(old age), 늙지 않는

학명:	*Ageratum houstonianum*
과명:	국화과(Compositae)
영명:	Flossflower, Pussy-foot
원산지:	멕시코, 페루
개화기:	여름
원예분류:	춘파일년초
크기:	20~60cm
종자뿌리기:	3~4월
(발아온도)	18~22℃
옮겨심기:	5~6월
(생육적온)	15~25℃

멕시코, 페루 원산으로 현지에서는 일년초나 다년초 및 반관목성까지 있으나, 원예적으로는 춘파일년초로서 재배한다. 높이 20cm의 소형종부터 50~60cm 의 대형종까지 있으며 분화나 화단식물, 절화로 이용한다. 실 모양의 꽃이 계속 해서 피어 봄부터 가을까지 즐길 수 있다. 속명은 "늙지 않는다"는 의미로, 오랫 동안 꽃색이 변하지 않고 지속되기 때문이다.

✱ 기르기 포인트

햇빛과 물빠짐이 좋으면 토질 은 가리지 않는다. 퇴비 등을 충 분히 넣어 옮겨 심고, 덧거름은 조금 적게 준다.

☀ ◑ ❄❄❄

접시꽃

자연스러운 정원에 어울리는

▶ Alcea: 아욱의 한 종류인 그리스어 alkaia로부터 유래
▶ rosea: 장미빛의

학명:	*Alcea rosea*
	(= *Althaea rosea*)
과명:	아욱과(Malvaceae)
영명:	Hollyhock
원산지:	중국, 서아시아,
	동유럽
개화기:	초여름
원예분류:	이년생초 또는
	다년초
크기:	60~150cm
종자뿌리기:	4~5월, 9~10월
(발아온도)	18~22℃
옮겨심기:	5~6월, 10~11월
(생육적온)	15~22℃

중국, 서아시아, 동유럽 원산의 다년초이지만 품종개량으로 원예적으로는 이년생 초화류로 취급하고 있다. 굵은 줄기에 지름이 10cm 정도의 홑겹 또는 겹꽃이 달린다. 강건하고 손이 덜타기 때문에 자연스러운 정원에 알맞으며, 잔디정원에 몇 포기씩 모아 심어도 좋다.

✽ 기르기 포인트

옮겨심기를 싫어하기 때문에 종자는 비닐포트에 2~3개 뿌려 1개월 정도 기른 후 정식한다. 발아까지는 20일 정도 걸리므로 건조하지 않도록 하고, 발아 후에는 10일에 1번 묽은 액체비료를 준다.

알라만다

트럼펫 모양의 노란색 꽃

▶ Allamanda: 스위스의 식물학자 Frederick Allamand를 기념

학명:	*Allamanda neriifolia*
과명:	협죽도과
	(Apocynaceae)
영명:	Common allamanda,
	Golden-trumpet
원산지:	중남미
개화기:	여름
원예분류:	화목
생육적온:	16~21℃

열대지방에서는 일반적인 꽃나무이지만, 우리나라에서는 실내의 화분에서 기른다. 속명은 스위스의 식물학자 Frederick Allamand를 기념한 것이다. 원산 지에서 잘 기른 알라만다는 높이가 5~6m까지도 자란다.

✱ 기르기 포인트

비교적 강건하여 기르기 쉽다. 고온과 햇빛을 좋아하고, 토질은 가리지 않지 만 부식질이 풍부한 토양이 적당하다. 보통 10℃ 이상으로 관리하면 월동시킬 수 있지만 5℃에서 월동이 가능한 종류도 있다.

온도가 높은 시기에 가지를 10cm 정도로 잘라서 유액을 물로 씻어낸 후 꺾꽂 이하여 번식시킨다.

색비름

여름철의 정원을 선명하게 물들이는

▶ Amaranthus: 그리스어 amarantos(퇴색하지 않는), 아주 오랫동안 색이 퇴색하지 않는 것에서 유래
▶ tricolor: 3가지 색의

학명:	*Amaranthus tricolor*
과명:	비름과
	(Amaranthaceae)
영명:	Love-lies-bleeding
원산지:	열대아시아
개화기:	여름~가을
원예분류:	춘파일년초
크기:	80~150cm
종자뿌리기:	4~5월
(발아온도)	20~30℃
옮겨심기:	6월
(생육적온)	18~25℃

늦여름부터 가을에 걸쳐 잎이 아름다운 색으로 변하여 화단에 이용된다. *Amaranthus*속은 열대지역에서는 채소로서 널리 이용되고 있으나, 본종은 잎을 관상하기 위해서 끝눈에 꽃눈이 달리지 않는 계통을 선발하였다. 가을이 시작되는 무렵부터 줄기 윗부분의 잎들이 여러 색으로 물든다.

✻ 기르기 포인트

4월이 되면 포트에 종자를 뿌려도 좋지만, 땅에 직접 뿌릴 경우에는 지온이 올라가는 5월까지 기다렸다가 뿌린다. 곧은 뿌리여서 옮겨심기를 좋아하지 않기 때문에 화단에 직접 40~50cm 간격으로 몇 개씩 뿌린 후 솎아 낸다. 포트육묘의 경우에는 작은 모(3~5개 잎) 상태로 옮겨 심는다. 하루종일 햇빛이 드는 장소가 좋은데, 특히 석양이 잘 드는 곳에서는 잎색이 아름답게 된다.

안스리움

풀라스틱으로 만든 조화처럼 보이는 특이한 모양의 꽃

▶ Anthurium: 그리스어 anthos(꽃) + oua(꼬리), 꼬리같은 꽃

학명:	*Anthurium andraeanum*
과명:	천남성과(Araceae)
영명:	Flamingo lily
원산지:	열대아메리카
개화기:	연중
원예분류:	관엽식물

▼ 절화 안스리움

　화원에 있는 안스리움을 보면 흔히 조화인지 의심되어 손으로 만져보게 된다. 최근 다양한 꽃색과 모양을 가진 품종들이 나오고 있어 집안에서 실내 분화식물이나 절화로 이용하고 있다.

　줄기는 짧아 작은 나무처럼 생겼고 잎의 길이는 30~40cm로 긴 잎자루에 달린다. 붉은 빛의 하트 모양인 큰 포엽을 가진 육수화서가 달려서 오랫동안 감상할 수 있다. 습할 때는 줄기의 마디에서 기근이 발생하기 쉽다.

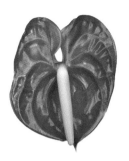

✳ 기르기 포인트

 습도가 매우 중요한 환경요소이다. 다른 착생식물과 같이 바크나 수태와 같은 통기성이 좋은 토양을 항상 축축하게 유지해 준다. 건조할 때는 분무기로 잎에 물을 자주 뿌려 공중습도를 높이는 것이 좋다. 높은 공중습도와 적당한 온도 환경에서는 연중 꽃이 핀다. 그렇지만 화분이 너무 습한 것은 싫어한다. 물주기는 여름철에는 매일, 그밖의 계절에는 2~3일에 한 번 준다. 건조할 때 진딧물이 많이 발생하고, 깍지벌레와 잎의 반점 및 썩음병이 나타나기도 한다.

▶ *A. scherzerianum*(Pigtail anthurium)

 잎은 넓은 화살촉 모양으로 길이는 20~30cm 정도이다. 포엽(불염포)은 진홍색이고 원래의 꽃인 육수화서가 휜 모양이 돼지 꼬리와 유사하여 영명이 유래되었다.

금어초

☀ ◯ ❄ < pH

풍부한 꽃색으로 늦봄의 정원을 수놓는 금붕어 모양의 꽃

▶ Antirrhinum: (꽃모양이) 주둥이와 같은
▶ majus: 큰

학명:	*Antirrhinum majus*
과명:	현삼과
	(Scrophulariaceae)
영명:	Snapdragon
원산지:	지중해연안
개화기:	봄
원예분류:	추파일년초
크기:	15~100cm
종자뿌리기:	6~7월, 9월
(발아온도)	15~20℃
옮겨심기:	3월, 9월
(생육적온)	12~25℃

　화통 부분을 옆에서 손가락으로 집으면 윗 꽃잎과 아랫 꽃잎의 사이가 확 뚫리면서 벌어진다. 지중해 원산으로 원래는 다년초이지만, 우리나라에서는 추파일년초로서 재배되고 있는데, 주로 절화용이나 화단용으로 많이 이용되고 있다.

✳ **기르기 포인트**

　햇빛이 잘 들고 물빠짐이 좋은 장소가 적당하다. 산성토양에서는 잘 자라지 못하므로 석회를 뿌려준다. 용토는 소독해서 사용하는 것이 좋다. 추위에는 조금 약하므로 겨울에 실내에서 관리하거나 서리에 대한 대책이 필요하다. 오랫동안 꽃을 즐기기 위해서는 시든 꽃을 계속해서 따 주어야 한다.

아킬레지아, 매발톱꽃

독수리를 닮은 멋있는 꽃모양으로 인기있는 숙근초

▶ Aquilegia: 라틴어 aquila(독수리), 꽃잎의 모양에서 유래

학명:	*Aquilegia* spp.
과명:	미나리아재비과
	(Ranunculaceae)
영명:	Columbine
원산지:	북반구 온대
개화기:	초여름
원예분류:	다년초
크기:	10~90cm
종자뿌리기:	5~6월
(발아온도)	10~15℃
옮겨심기:	10월
(생육적온)	10~20℃

북반구의 온대지방에 넓게 분포하고 있는 내한성이 강한 다년초이다. 봄에 새눈이 자라서 5~6월경에 꽃이 피고, 겨울에는 지상부가 죽고 뿌리만으로 월동한다. 영명은 비둘기를 닮은, 속명은 독수리를 닮은 꽃모양에서 유래되었다. 우리나라에 자생하는 하늘매발톱은 높이 30cm 정도로 밝은 하늘색 꽃이 1~3개씩 원줄기 끝에 달린다.

✳ 기르기 포인트

포기나누기가 어렵고, 식물체가 빨리 약해지는 경우가 많기 때문에 일반적으로 종자번식으로 재배된다. 햇빛을 좋아한다. 추위에는 강하지만 여름의 더위에 약하기 때문에 더운 시기에는 통풍이 좋은 반그늘에 둔다. 과습을 싫어하고 뿌리썩음이 잘 일어난다. 분화로 기를 때에는 매년 분갈이를 해준다.

▼ 하늘매발톱
(*A. flabellata* var. *pumila*)

백량금

붉은 색구슬 같은 열매가 오랫동안 달려있는 열매보기나무

▶ Ardisia: 그리스어 ardis(a point), 뾰족한 꽃밥
▶ crenata: 무딘 톱날 모양의

학명:	*Ardisia crenata*
과명:	자금우과
	(Myrsinaceae)
영명:	Coralberry,
	spiceberry
원산지:	한국, 중국, 일본
열매:	겨울
원예분류:	화목
크기:	50cm

　자금우, 산호수와 함께 3개월 이상 달려 있는 붉은 열매와 상록성 잎이 아름다워서 실내에서 기르고 있는 열매보기 자생식물 삼총사이다. 자금우나 산호수와 달리 뿌리에서 줄기가 올라오지 않고 가지가 잘 생기지 않으므로 모양이 다소 엉성해지기도 한다.

　자생지에서는 1.5m까지 자라는 상록성 나무이지만 실내에서는 50cm 정도로 무척 느리게 자라므로 주로 작은 화분에 심어서 기른다. 반짝이는 혁질의 아름다운 잎은 피침형으로 가장자리에 특이한 둥근 거치가 있다.

✳ 기르기 포인트

　비교적 기르기 쉽지만 꽃이 피어 아름다운 열매를 보기 위해서는 밝은 빛이 필요하다. 야간온도는 14℃ 이상이 생육에 적당하지만 0℃ 전후에서도 월동할 수 있다. 왕성한 생육기에는 충분히 비료를 주어 꽃을 잘 피게 한다. 건조할 때 깍지벌레나 진딧물이 줄기와 잎의 뒷면에 생긴다. 종자나 꺾꽂이로 번식한다.

◀ 자금우(*A. japonica*)

　남부지방에 자생하는 작은 나무로서 백량금과 함께 붉은색의 열매가 아름다워 실내식물로 기르고 있다. 잎에 작은 거치가 있다.

◀ 산호수(*A. pusilla*)

　잎가장자리에 거친 거치가 있다. 뿌리에서 새로운 줄기가 잘 나와 많은 포기를 이루므로 화분에서 기르기보다는 실내조경용이나 접시정원에 적당하다.

아르메리아

분홍색의 작은 꽃들이 둥근 송이를 이루는

☀ ○ ❄❄

▶ Armeria: 오래된 프랑스 이름인 armoires가 라틴화된 것
▶ plantaginea: 질경이와 유사한

학명:	*Armeria plantaginea*
과명:	갯질경이과
	(Plumbaginaceae)
영명:	Thrift, Sea pink
원산지:	중부 유럽,
	북아메리카
개화기:	봄
원예분류:	다년초
크기:	8~30cm
옮겨심기:	3월, 10월
(생육적온)	15~20℃

　튼튼하여 기르기 쉬운 초화로 화단의 가장자리나 암석정원에 적합하다. 분홍색의 꽃이 둥근 송이를 이루며 모여 핀다. 아르메리아는 바닷가 가까운 곳에 자생하고 있는 식물로, 영명 또한 Sea pink이다.

✱ 기르기 포인트

　강건한 성질로, 햇빛과 물빠짐이 좋은 장소라면 어디든지 잘 자란다. 추위에는 강하지만 고온다습에는 약하다. 여름에는 통풍이 좋은 반그늘에 둔다. 특히 식물체가 크게 자라면 고온다습한 환경에서 갑자기 고사하는 경우가 있으므로 2년에 1번 정도 포기나누기를 해 준다. 포기를 나눌 때는 나누어진 식물체의 각각에 곧은 뿌리(直根)가 하나씩 붙도록 해야 한다.

아스클레피아스

꽃 모양이 재미있는

▶ Asclepias: 그리스신화에 나오는 의술의 신 Asklepios에서 유래

학명:	*Asclepias* spp.
과명:	박주가리과
	(Asclepiadaceae)
영명:	Milkweed,
	Butterfly flower
원산지:	북미~중남미
개화기:	여름
원예분류:	다년초
크기:	100cm
종자뿌리기:	5월
(발아온도)	20~25℃
옮겨심기:	6~7월
(생육적온)	15~25℃

꽃모양이 특이하여 화단이나 분화, 절화로 많이 이용되고 있다. 키가 크고, 직립하는 줄기의 끝에 특이한 형태의 꽃이 많이 달린다. 속명은 그리스신화에 나오는 의술의 신 Asklepios에서 유래된 것으로, 라틴어로는 Aesculapius인데, 이 식물이 약이 되는 것과 관련이 있는 것으로 보인다. 잎이나 줄기의 상처에서 유즙이 나와 milkweed라는 영명이 붙었다.

✽ 기르기 포인트
봄에 종자를 뿌려 실내에서 관리한다. 햇빛과 물빠짐이 좋고 부식질이 풍부한 토양이 적합하다. 추위에 약간 강한 편이지만 우리나라에서는 실내에서 월동시키는 것이 일반적이다.

▼ 절지로도 이용되고 있는
A. fruticosus

아스터

별 모양의 꽃

▶ Aster: 라틴어 aster(a star), 꽃의 형태가 별 모양을 닮은 것에서 유래
▶ novi-belgii: 뉴욕의

학명:	*Aster novi-belgii*
과명:	국화과(Compositae)
영명:	Michaelmas daisy
원산지:	북아메리카
개화기:	가을
원예분류:	다년초
크기:	50~120cm
옮겨심기:	4월
(생육적온)	11~22℃

아스터는 세계에 약 500종이 자생하고 있으나, 숙근 아스터로서 원예적으로 이용되고 있는 것은 북미원산의 여러 종과 그것의 원예종이다. 학명의 Aster는 "별 모양"이란 뜻으로 꽃의 모양에서 유래한 것이다. 원예종이 많고, 초장은 50~120cm, 화경은 2.5~4cm, 반겹꽃인 것도 많이 보인다. 화색이 풍부하고 강건하여 화단, 분화, 절화 등으로 이용되고 있다.

✱ 기르기 포인트

강건한 성질로 기르기 쉽다. 밝은 반그늘에서도 생육이 가능하지만 햇빛이 좋은 곳에서 꽃달림이 좋다. 가지와 잎이 모두 잘 자라기 때문에 바람이 잘 통하지 않으면 식물체가 뭉클어져서 잎이 썩는다. 물은 밑부분에 주고 잎에 닿지 않도록 주의한다. 초여름 꽃이 핀 후 줄기를 밑에서 바짝 자르면 뿌리에서 줄기가 다시 올라와 가을에 꽃이 핀다. 번식은 포기나누기로 쉽게 할 수 있다.

▼ *Aster pilosus*

   최근에 보급된 숙근 아스터로, 처음에는 순백색의 꽃이 보급되었으나 요즘은 여러가지 원예종이 만들어져서 자색, 핑크, 청색, 오렌지색 등 다양한 꽃색이 있다. 가지가 잘 갈라지고 꽃도 오래 가기 때문에 꽃꽂이용으로도 재배되며, 성질이 강건하기 때문에 화단용으로 이용되고 있다. 물빠짐이 좋고 부식질이 풍부한 비옥한 토양을 좋아한다. 육묘 중에는 통풍과 햇빛이 좋은 곳에 둔다. 고온다습에 약하다. 햇빛이 부족하게 되면 웃자라기 쉽지만 반그늘에서도 자란다. 2~3℃에도 견딘다.

아스틸베, 노루오줌

❋ ◐ ❋❋❋

부드럽고 산뜻한 느낌을 주는 꽃이 원추화서를 이루는

▶ Astilbe: 그리스어 a(without) + stilbe(brightness), 잎의 색이 흐릿한 것에서 유래

학명:	*Astilbe* spp.
과명:	범의귀과
	(Saxifragaceae)
영명:	False spirea
원산지:	동아시아
	(한국, 중국, 일본)
개화기:	여름
원예분류:	다년초
크기:	40~80cm
옮겨심기:	3월, 10월
(생육적온)	15~22℃

줄기 끝에 원추화서를 이루는 동아시아 원산의 다년초로 우리나라에는 노루오줌(*A. chinensis* var. *davidii*)과 숙근노루오줌(*A. koreana*)이 자생하고 있다. 원예종으로는 Arendsii 계통과 Rosea 계통이 대표적인데, Arendsii 계통은 화색이 풍부하고, Rosea 계통은 진한 빨강색의 품종이 있다. 아스틸베는 그리스어로 "없다"와 "빛남"의 합성어로 하나하나의 꽃이 작아서 눈에 띄지 않기 때문이기도 하고, 잎의 색이 흐릿한 것에서도 유래되었다고 한다.

▼ 자생 노루오줌

❋ 기르기 포인트

원예품종으로서의 아스틸베는 주로 독일에서 만들어졌지만, 부모가 노루오줌과 같은 동아시아 원산의 내한성 다년초여서 재배는 아주 쉬운 편이다. 극도의 건조지대를 피하면 양지나 반그늘 등에 관계없이 어디에서라도 기를 수 있다. 유기질이 풍부하고 통기성이 좋은 흙을 좋아한다. 포기나누기와 종자로 번식한다.

● *Astilbe* × *arendsii*: *A.chinensis* var. *davidii*와 여러 종의 교배를 통해 육성된 계열로 꽃색은 핑크, 흰색 등이 있다.

● *Astilbe* × *rosea*: *A.chinensis* × *A.japonica* 꽃색은 핑크, 빨간색 등이 있다.

꽃베고니아

봄부터 서리가 내릴 때까지 계속 꽃이 피는

▶ Begonia: Michel Begon(1638~1710)
▶ semperflorens: 항상 꽃이 피는

학명:	*Begonia semperflorens*
과명:	베고니아과
	(Begoniaceae)
영명:	Bedding begonia,
	Wax begonia
원산지:	브라질
개화기:	여름
원예분류:	일년초
크기:	15~40cm
종자뿌리기:	5월
(발아온도)	20~25℃
옮겨심기:	6월
(생육적온)	15~25℃

　봄부터 서리가 내릴 때까지 오랫동안 귀엽고 작은 꽃이 계속해서 핀다. 분화로 기를 경우 10℃ 이상으로 보온하면 겨울에도 꽃을 볼 수 있으나, 화단에서는 춘파일년초로 이용된다. 전정에도 강하여 순지르기를 하면 풍성한 형태로 잘 만들어지기 때문에 걸이용이나 토피어리의 재료로도 이용된다. 브라질 원산으로 유럽에 소개되면서부터 많이 개량되어 현재의 컴팩트한 모양이 되었다.

✽ 기르기 포인트

　햇빛을 좋아하고 건강하게 키우기 쉽다. 한여름의 바깥 화단에서는 반그늘이 좋다. 반내한성의 다년초로 최저온도를 5℃ 이상으로 관리하면 월동도 가능하지만 바깥 화단에서는 일년초로 취급한다. 용토는 과습하지 않도록 주의하고, 월 2~3회 액체비료를 주는 것이 좋다.

베고니아

세계적으로 사랑받는 취미식물로 비대칭적인 잎이 특징적인

학명:	*Begonia* spp.
과명:	베고니아과
	(Begoniaceae)
영명:	Begonia
원산지:	오스트레일리아를
	제외한 열대, 아열대
개화기:	연중
원예분류:	다년초
크기:	30~200cm
옮겨심기:	4~5월
(생육적온)	15~25℃

▲ *Begonia* × *hiemalis*

베고니아는 오스트레일리아를 제외한 열대나 아열대에 자생하며, 잎의 형태가 비대칭인 것이 대표적인 특징이다. 베고니아는 뿌리의 형태에 따라 실뿌리 베고니아, 근경성 베고니아, 구근성 베고니아의 3그룹으로 나눈다.

실뿌리 베고니아는 꽃베고니아(*B. semperflorens*)가 대표적으로 여름철 화단 식물로서 이용되는 것이 많고 숙지삽, 반숙지삽으로 번식된다.

▼ *B. rex*

근경성 베고니아는 *B. rex*가 대표적으로 다즙질의 근경이 지면을 기면서 신장하는 성질을 가지고 있다. 꽃은 작고 눈에 잘 띄지 않는 반면 잎은 그 형태나 색깔의 변화가 풍부하고 아름다워 관엽식물로 많이 이용된다. 잎꽂이나 근경나누기로 번식된다.

구근성 베고니아는 Elatior그룹(*B. × hiemalis*), Cheimanth그룹(*B. × cheimantha*), Tuberhybrida그룹(*B. tuberhybrida*)으로 나뉜다. 엘라티오베고니아는 1883년 영국의 **J. Heal**이 *B. socotrana*에 구근베고니아의 품종을 교배하여 만들어진 것으로 이후 지속적으로 품종이 만들어졌다. 1955~65년에 독일의 **O. Rieger**가 새로운 신품종을 계속 발표하여 리가스베고니아로 알려지면서 많은 인기를 얻고 있는데, 거의 일년 내내 출하되고 있다. Cheimanth그룹은 *B. socotrana*와 *B. dregei*을 교배하여 만들어진 것으로 주로 유럽에서 신품종이 육성되었으며 크리스마스베고니아로 불리는데, 11월부터 초봄까지 오랫동안 계속해서 꽃이 피어 겨울 실내를 아름답게 꾸며주고 있다. 구근성 베고니아는 남미의 안데스산맥 원산의 원종 7가지가 복잡하게 교배되어 성립되었다고 하는데, 1868년 최초의 교배종이 만들어졌고, 1874년에 겹꽃 품종이 만들어졌다.

✳ 기르기 포인트

- 리가스베고니아(*B. × hiemalis*): 일조가 부족하면 꽃이 오래가지 못한다. 서리가 내리지 않으면 바깥에서 햇빛을 충분히 받도록 한다. 한여름의 고온기만 통풍이 좋은 반그늘에서 관리한다. 건조에는 비교적 강하지만 겨울철 실내의 건조에 주의한다. 또한 물을 너무 많이 주면 뿌리가 썩어버린다. 개화 중에 인산비료를 주면 꽃달림이 좋고 오랫동안 즐길 수 있다. 꽃이 지면 따주어 다음 꽃이 달리는 새눈을 키우도록 한다.
- 크리스마스베고니아(*B. × cheimantha*): 일조가 부족하게 되면 꽃이 오래가지 못한다. 서리가 내리지 않게 되면 바깥에서 햇빛을 충분히 받도록 한다. 한여름의 고온기만 통풍이 좋은 반그늘에서 관리한다. 또한 물주기가 과하면 뿌리가 썩어버린다. 날이 짧아지면 꽃눈이 생기는 단일식물이므로 가을에 전등불이 닿지 않는 곳에 둔다. 꽃이 지면 따서 다음 꽃이 달리는 새눈을 키우도록 한다.
- 구근베고니아(*B. tuberhybrida*): 시원한 기후를 좋아하고, 강한 햇빛을 받으면 일소현상이 일어난다. 유기질이 풍부한 토양이 적합하다. 14시간 이상의 일조와 적온으로 관리하면 계속해서 꽃눈이 생기는 장일식물이다. 과습과 다비에 약하여 뿌리썩음과 꽃떨어짐의 원인이 된다. 날이 짧아지면 지상부는 고사하고 구근이 형성되어 휴면에 들어간다. 구근만 남게 되면 10℃가 유지되는 따뜻한 실내에서 보관하며, 이 때는 관수가 필요없다.

데이지

꽃송이가 작은 국화 모양의 귀여운 꽃

▶ Bellis: 귀여운
▶ perennis: 다년생의

학명:	*Bellis perennis*
과명:	국화과(Compositae)
영명:	English daisy
원산지:	유럽, 지중해연안
개화기:	봄
원예분류:	추파일년초
크기:	15cm
종자뿌리기:	9월
(발아온도)	15~20℃
옮겨심기:	11월, 3월
(생육적온)	10~20℃

유럽에 자생하는 다년초로 우리나라에서는 여름의 더위와 추위에 약하여 일년생초로 취급된다. 강건한 성질을 가지고 있고, 지하 줄기를 뻗어서 큰 식물체가 되며, 초봄부터 초여름까지 계속해서 귀여운 꽃이 핀다. 화색이 다양하고 풍부하여 봄철 화단과 길거리를 장식하고 있다. 유럽에서는 옛날부터 친숙한 식물로 특히 이탈리아에서는 국화로 지정되어 있다. 꽃의 크기가 작은 종을 화단에 밀식하면 아름다운 양탄자와 같은 화단이 된다. 크기가 큰 꽃은 화분이나 플라워박스에 심어 입구를 장식하면 좋다.

▼ *B.* cv. Pomponet Pink

✻ 기르기 포인트

햇빛이 잘 들고, 약간 습한 곳이 좋다. 점토질의 토양이 적당하지만 산성의 토양은 곤란하므로 석회를 뿌려 중화시킨다. 옮겨심기에 강하여 개화 중에도 이식이 가능하다. 겨울에는 서리와 건조에 주의하고, 월동 온도는 5℃ 정도이다. 이른 봄부터 출하되는 꽃이 달린 포트묘를 구입하여 화단이나 플라워박스에 심어도 손쉽게 오랫동안 꽃을 즐길 수 있다. 추위에는 강하지만 찬 바람이나 서리를 잘 맞지 않는 곳에 심는다.

부겐빌레아

종이로 만든 듯한 포엽에 작은 꽃이 많이 달려 식물체를 뒤덮는

▶ Bougainvillea: 탐험가 Louis Antoine de Bougainville(1729-1811)의 이름을 "다옴
▶ glabra: 털이 없는

학명:	*Bougainvillea glabra*
과명:	분꽃과
	(Nyctaginaceae)
영명:	Paper flower
원산지:	남아메리카
개화기:	여름
원예분류:	화목
크기:	500cm
생육적온:	13~18℃

높이가 4~5m까지 자라는 관목으로 선단에 굽은 많은 가시가 있다. 잎은 길이가 10~20cm이고 광택이 있다. 꽃이 아주 많이 피고 생육이 좋기 때문에 분화식물로 좋다. 꽃잎으로 보이는 것은 포엽이고, 작은 꽃은 포엽에 둘러싸여 있어 눈에 잘 띄지 않는다. 무늬종(*B. glabra* cv. Variegata)은 잎에 황백색의 무늬가 들어간 품종으로 느리게 자란다.

▲ *B. glabra* cv. Variegata

✳ 기르기 포인트

꽃을 피우기 위해서는 충분한 햇빛이 필요하다. 물과 비료가 너무 많으면 가지만 자라서 꽃이 피기 어렵다. 꽃이 진 가지는 그 가지 밑부분으로부터 2~3마디를 남기고 잘라 주는 것이 중요하다. 최저온도를 5℃ 이상으로 관리하면 월동도 어렵지

않다. 거의 대부분이 종자를 맺지 않기 때문에 꺾꽂이로 번식한다. 발근이 느리고 뿌리 수도 적고 잘 끊어지기 때문에 화분에 심을 때 주의해야 한다.

꽃양배추

늦가을에서 겨울까지의 귀중한 화단재료

☀ ❄❄❄

▶ Brassica: 양배추의 라틴명
▶ oleracea: 채소원의

학명:	*Brassica oleracea* var. *acephala*
과명:	십자화과(Cruciferae)
영명:	Flowering cabbage
원산지:	유럽
개화기:	봄
원예분류:	추파일년초
크기:	30~70cm
종자뿌리기:	7~8월
(발아온도)	15~20℃
옮겨심기:	9월
(생육적온)	15~20℃

　　양배추와 유사하나 잎이 아름답고 주변 잎이 구불구불하다. 중앙부의 잎은 자주색, 분홍색, 유백색을 띤다. 늦가을에서 겨울철 동안 삭막한 도시의 화단에 없어서는 안될 중요한 식물이다. 중부지방에서는 겨울철에 얼어죽는 경우가 많지만 남부지방에서는 봄까지 지속되어 꽃을 볼 수 있다.

▲ 봄에 꽃이 핀 모습

✴ 기르기 포인트
　　여름철(7~8월)에 씨를 뿌리고 발아하면 충분한 햇빛을 주어 튼튼하게 기른다. 물은 표토가 말랐을 때 준다. 비료를 너무 많이 주면 잎의 색이 나오지 않기 때문에 10월 이후에는 비료를 주지 않도록 한다.

브론펠시아

보라색에서 흰색으로 변하는 향기나는 꽃

▶ Brunfelsia: 초기 독일 식물학자 중 한사람인 Otto Brunfels(1489~1534)의 이름에서 유래
▶ australis: 남쪽의

학명:	*Brunfelsia australis*
과명:	가지과
	(Solanaceae)
영명:	Yesterday-today-
	and-tomorrow
원산지:	중남미, 서인도제도
개화기:	봄
원예분류:	화목
크기:	100 cm

　높이 1m 정도의 작은 관목으로 가지가 가늘고 길다. 꽃은 지름이 4cm 정도이고 꽃잎은 5장이며 피기 시작할 때에는 보라색으로 중심이 하얗지만 1~2일이 지나면 흰색으로 변하는 특징이 있으며 향기가 강하다. 잎은 길이 5~6cm 정도로 어긋난다.

❋ 기르기 포인트

　기르기 쉽고 15℃ 이상의 온도에서 계속해서 꽃이 핀다. 햇빛이 잘 들고 물빠짐이 좋은 장소가 적당하며, 용토는 과습하지 않도록 주의한다. 생장기에는 월 1~2회 액비를 준다. 꺾꽂이로 번식한다.

칼세올라리아

선명한 꽃색과 재미있는 꽃 모양

▶ Calceolaria: 슬리퍼

학명:	*Calceolaria* spp.
과명:	현삼과
	(Scrophulariaceae)
영명:	Slipper flower,
	Pocketbook flower
원산지:	남아메리카, 뉴질랜드
개화기:	봄
원예분류:	추파일년초
크기:	15~40cm
종자뿌리기:	9~10월
(발아온도)	15~20℃
옮겨심기:	10~11월
(생육적온)	15~25℃

학명은 라틴어로 "슬리퍼"라는 뜻으로, 특이한 꽃 모양에서 유래한다. 원래는 다년초이지만 고온과 추위에 약해서 우리나라에서는 일년초로 취급되고 있다.

✽ 기르기 포인트

햇빛을 좋아하므로 실내에 햇빛이 잘 드는 곳에 둔다. 5~10℃를 유지하면 월동이 가능하지만, 난방으로 온도가 너무 높으면 오히려 좋지 않다. 화분에 물이 말라 없어지면 곧 시들어 버리므로 물이 부족하지 않도록 주의해야 한다. 그러나 잎과 꽃에 물이 닿으면 상하기 쉽기 때문에 식물체의 밑부분에 물을 주도록 한다. 햇빛이 잘 들고 통풍이 잘 되는 곳에 두는 것이 좋다.

금잔화

금으로 만든 술잔같은 꽃

▶ Calendula : 그 달의 첫번째 날, 꽃이 오래가는 것을 비유
▶ officinalis : 약용의

학명 :	*Calendula officinalis*
과명 :	국화과(Compositae)
영명 :	Pot marigold
원산지 :	남유럽, 지중해연안
개화기 :	봄
원예분류 :	추파일년초
크기 :	20~60cm
종자뿌리기 :	9월
(발아온도)	15~20℃
옮겨심기 :	10월
(생육적온)	10~20℃

　　밝은 오렌지색 술잔 모양의 꽃으로 옛날부터 화단이나 분화식물로 이용되어 왔으며, 꽃꽂이용으로도 사용되고 있다. 속명은 "그 달의 첫번째 날"이라는 뜻으로 꽃이 오래가는 것을 비유한 것인데, 첫째날에 이자를 지불하였기 때문에 계속해서 꽃이 피는 것을 이자에 비유하였다고 한다. 종명은 "약용이 되는"에서 유래되었으며, 옛날부터 약용으로 이용되었다.

✱ 기르기 포인트

　　물빠짐과 물가짐이 좋은 용토가 적당하다. 산성의 토양을 싫어하기 때문에 석회를 넣어주면 좋다. 질소성분이 너무 많으면 웃자라거나 병에 걸리기 쉽기 때문에 비료를 줄 때 주의해야 한다. 보통은 9월에 파종상이나 화분에 파종하여 본엽이 2~3장일 때 화분에 옮겨 5~6장이

되면 정식하지만, 화단이나 플라워박스에 바로 뿌린 후 몇번 솎아 주어 간격이 30cm 정도로 되도록 하는 것도 좋다. 순지르기를 하여 곁가지(측지)를 5~6개 정도 나오도록 하면 더욱 좋다.

병솔나무

병솔 모양의 강렬한 붉은색 꽃이 인상적인

▶ Callistemon: 그리스어 kalli(아름답다) + stemon(수술)

학명:	*Callistemon* spp.
과명:	도금양과(Myrtaceae)
영명:	Bottlebrush
원산지:	오스트레일리아
개화기:	초여름
원예분류:	화목

오스트레일리아 원산으로 마치 병을 닦을 때 사용하는 솔 모양인 꽃이 가지 끝에서 핀다. 잎은 타원형으로 마주난다. 3년생 가지까지 열매가 달려 있어 독특한 모양을 지닌다. 중부지방에서는 꽃을 감상하는 분화식물로 이용되고, 제주도에서는 정원에 심는 화목류로 이용된다. 수술이 아름다운 것에서 속명이 유래되었다

✳ 기르기 포인트

튼튼하여 기르기 쉽고, 더위와 추위에도 강하다. 추위가 심한 지역에서는 겨울철에 실내에 들여 놓는 것이 좋다. 바깥의 햇빛이 잘 드는 곳에 둔다. 건조에도 비교적 강하고, 물빠짐이 좋은 용토가 적당하다. 종자, 꺾꽂이, 휘묻이로 번식이 가능하다. 딱딱한 열매 안에 종자가 많이 들어 있는데, 열을 가하면 쉽게 종자를 꺼낼 수 있다. 3년생 가지의 종자가 발아력이 높고, 반숙지가 발근이 잘 된다. 옮겨심기에 약하기 때문에 주의한다.

과꽃

☀ ❄❄❄

올해도 과~꽃이 피었습니다……

▶ Callistephus: 그리스어 kalli(아름다운)와 stephos(왕관)의 합성어. 꽃 모양에서 유래
▶ chinensis: 중국의

학명:	*Callistephus chinensis*
과명:	국화과(Compositae)
영명:	China aster, Annual aster
원산지:	중국
개화기:	여름
원예분류:	일·이년초
크기:	30~100cm
종자뿌리기:	4월, 10월
(발아온도)	15~20℃
옮겨심기:	4~6월
(생육적온)	15~20℃

중국에 자생하는 반내한성 일년초로 봄에 파종하면 여름부터 가을까지 꽃을 즐길 수 있다. 최근에 일본에서 많이 육성되어 그 모양이나 색이 다채롭고 절화로도 이용되고 있다.

✳ 기르기 포인트

물빠짐이 좋고 부식질이 풍부한 토양이 적당하다. 육묘 중에는 통풍과 햇빛이 좋은 곳에 두는 것이 좋지만, 고온다습한 것에는 약하다. 일조가 부족하면 웃자라기 쉽다. 내한성이 강하여 2~3℃의 저온에도 견딘다. 연작을 싫어하기 때문에 한 번 재배한 장소는 4~5년 정도 심지 않는 것이 좋다. 육묘 중에는 통풍과 햇빛이 좋은 장소에서 관리하고, 본엽이 5~6장 나왔을 때 정식한다.

▼ 절화용 과꽃

❄ ○ ❄❄

동백

겨울철에 선홍색의 꽃이 피는 우리 나무

▶ Camellia: Georg Josef Kamel(1661~1706)
▶ japonica: 일본의

학명:	*Camellia japonica*
과명:	차나무과
	(Theaceae)
영명:	Camellia
원산지:	동아시아
개화기:	겨울
원예분류:	화목

우리나라의 남부지방에 자생하는 상록성 관목 또는 소교목으로 최대 7m까지 자란다. 중부지방에서는 보통 분화로 기르면서 겨울철의 선홍색 꽃과 광택있는 잎을 즐긴다. 다양한 색의 많은 겹꽃 원예종이 있다.

잎은 길이가 5~12cm로 어긋나고 가장자리에 잔 톱니가 있으며 광택이 있는 짙은 녹색이다. 겨울철에 선홍색의 꽃이 피며, 가운데 노란색의 수많은 수술이 있다. 꽃이 질 때는 수술과 꽃잎 전체가 붙은채로 떨어진다.

▲ 겹꽃 동백

✳ 기르기 포인트

물빠짐과 통기가 좋은 용토라면 기르기 쉽다. 물빠짐이 나쁘면 일단 뿌리가 내렸어도 수년안에 뿌리가 썩어 죽어버린다. 햇빛이 좋은 곳이 바람직하지만 반그늘에서도 잘 자란다. 꺾꽂이와 종자로 번식한다.

캄파눌라, 초롱꽃

파란색 종 모양의 꽃이 탐스럽게 모여서 피는

▶ Campanula: 라틴어 campana(종)

▲ *Campanula medium*

학명:	*Campanula* spp.
과명:	초롱꽃과
	(Companulaceae)
영명:	Bellflower
원산지:	북반구 온대~아열대
개화기:	여름
원예분류:	일 · 이년초, 다년초
크기:	10~200cm
발아온도:	15~20℃
생육적온:	15~20℃

캄파눌라는 '작은 종 모양'의 의미가 있으
며, 북반구의 온대와 지중해연안에 약 250
여 종이 분포하고 있다. 우리나라에서는 초
롱꽃(*C. punctata*), 섬초롱꽃(*C. takesimana*)
등이 자생하고 있다.

● 초롱꽃: 흰색 또는 연한 홍자색 바탕에 짙
은 반점이 있다.
● 섬초롱꽃: 울릉도의 바닷가 풀밭에서 자
라는 다년초로 꽃은 연한 자주색 바탕에
짙은 색의 반점이 있다.

▼ 초롱꽃

▼ 섬초롱꽃

원예적으로는 크기에 따라 소형종과 대형종으로 나눌 수 있다. 소형종은 주로 분화재배되어 소형화분이나 걸이용으로 많이 이용되고 있고, 대형종은 화단에 이용되어 여름철 정원을 상쾌한 색채로 꾸며준다. 절화로도 많이 이용되고 있다. 꽃색은 청자색을 기본으로 꽃 모양은 별 모양과 종 모양의 두 종류가 있다.

- *C. portenschlagiana*: 크기 10~15cm 정도의 소형으로, 청자색의 가련한 작은 꽃을 피우는 다화성의 다년초이다. 작은 화분이나 암석정원에 최적이다.
- *C. medium*: 이년생 초화로 길이는 1m 정도이고, 종 모양의 부드러운 꽃을 피운다. 꽃색은 청색, 핑크색, 흰색으로 겹꽃도 있다.

▲ *C. portenschlagiana*

✻ 기르기 포인트

- 소형종 : 일반적으로 4~5월경에 출하되는 꽃 화분을 구입하는 경우가 많다. 봄에 구입한 개화주는 햇빛이 잘 드는 장소에 두고, 비를 오랫동안 맞지 않도록 주의한다. 꽃이 지면 잘라 주거나 솎아 주어 계속해서 꽃이 피도록 유도한다. 꽃이 완전히 지면 시원한 반그늘에서 여름을 보내고 9~10월에 포기나누기를 한다.
- 대형종: 시판되고 있는 것은 내한성과 내서성이 향상된 것이지만, 일반적으로 시원하고 건조한 기후를 좋아한다. 겨울에는 서리방지, 여름에는 해가리개를 만들어주면 좋다. 물빠짐이 좋은 용토에 조금 건조한 것을 좋아한다. 뿌리썩음이 잘 일어나므로 물은 조금씩 주는 것이 좋다. 비옥한 토양이 적당하다. 햇빛이 부족하면 웃자라고 꽃색이 나빠진다.
- 초롱꽃: 실내에서는 햇빛이 잘 드는 곳, 바깥에서는 반그늘이 좋다. 토질은 특별히 가리지 않지만 물빠짐이 좋아야 한다. 꽃이 지면 뿌리까지 시들어 버리고, 옆에 새롭게 생긴 주에서 다음해에 꽃이 생긴다.

칸나, 홍초

선명한 열대의 색채가 매력적인

▶ Canna: 그리스어 kanna(갈대)에서 유래

학명: *Canna × generalis*
과명: 홍초과
(Cannaceae)
영명: Common garden
canna
원산지: 열대~아열대
아메리카
개화기: 여름
원예분류: 춘식구근
크기: 50~120cm
옮겨심기: 5월
(생육적온) 20~25℃

여름에 꽃이 피는 대표적인 알뿌리식물로 열대를 연상시키는 선명한 꽃색을 늦가을까지 즐길 수 있다. 현재 재배되고 있는 칸나는 전부가 원예종으로 높이 1m 이상이 되는 대형종과 최근에 많이 육성된 50~70cm 정도의 소형종이 있다. 소형종은 작은 정원이나 화분에 심어 감상하면 좋다.

❋ 기르기 포인트

토질은 가리지 않지만 햇빛이 좋아야 한다. 화분에 심을 경우 화분은 규모가 큰 것이 좋고, 그다지 깊게 심지 않는 것이 중요하다. 따뜻한 지역 이외에는 서리가 내리기 시작하기 전에 알뿌리를 파낸다. 알뿌리는 건조에 약하기 때문에 파낸 후에는 반드시 조금 습한 버미큘라이트 등에 넣고 다시 비닐로 봉해서 봄까지 저장한다.

▼ 칸나의 알뿌리

꽃고추

열매의 색이 변화하는

▶ Capsicum: 그리스어 kapto(톡 쏘다, 자극하다)에서 유래
▶ annuum: 일년의, 일년생의
▶ abbreviatum: 짧아진, 단축된

학명:	*Capsicum annuum* var. *abbreviatum*
과명:	가지과(Solanaceae)
영명:	Ornamental pepper, Christmas cherry,
원산지:	중~남아메리카
개화기:	가을(열매)
원예분류:	춘파일년초
크기:	20~100cm
종자뿌리기:	5월
(발아온도)	20~25℃
옮겨심기:	6월
(생육적온)	17~25℃

관상용 고추로 열매가 빨강, 자색, 노란색 등
변화가 풍부하다. 화단이나 화분에 심어 즐긴다.

✳ 기르기 포인트

건조에 비교적 강하지만, 과습하게 되면 시들어버린다. 더위에 강하고 햇빛
을 좋아하지만, 때때로 충분한 햇빛을 받도록 해주면 밝은 실내에서도 즐길 수
있다.

홍화, 잇꽃

절화나 드라이플라워로 좋고, 부인병에도 효험이 있는

▶ Carthamus: '페인트'의 뜻을 가진 아랍어에서 유래
▶ tinctorius: 염색에 사용되는

학명:	*Carthamus tinctorius*
과명:	국화과(Compositae)
영명:	False saffron, Safflower
원산지:	카나리아제도
개화기:	여름
원예분류:	추파일년초
크기:	40~120cm
종자뿌리기:	9~10월
(발아온도)	15~20℃

　엉컹퀴와 같은 모양의 노란색에서 붉은색으로 변하는 꽃이 원줄기 끝과 가지 끝에 1개씩 달린다. 꽃은 붉은색 염료나 식품염색에 사용된다. 한방에서는 부인병에 이용하고, 어린 순은 식용하며 종자는 기름을 짠다.

✽ 기르기 포인트

　건조를 좋아하기 때문에 물빠짐이 좋은 장소를 골라 퇴비 등 유기물을 넣어 토양을 비옥하게 한다. 옮겨심는 것을 싫어하기 때문에 25cm 간격에 4~5개 정도씩 직접 뿌리고, 본엽이 5~6장 되었을때 솎아 내어 1포기씩 되도록 한다. 비료는 다소 적게 준다.

일일초

여름에 피는 바람개비 모양의 단정한 꽃

▶ Catharanthus: pure + flower
▶ roseus: 장미빛의

학명:	*Catharanthus roseus*
과명:	협죽도과(Apocynaceae)
영명:	Rose periwinkle, Old-maid
원산지:	아프리카(Madagascar) 에서 서남아시아(India)
개화기:	여름
원예분류:	춘파일년초
크기:	30~60cm
종자뿌리기:	5월
(발아온도)	25℃
옮겨심기:	6월
(생육적온)	20~25℃

많은 꽃식물이 생육에 어려움을 겪는 여름의 고온다습기에 계속해서 꽃을 피우는 귀중한 초화이다. 매일 계속해서 피어 꽃이 끊이지 않는 것에서 "일일초"라는 이름이 붙었다. 충분한 일조와 고온이 계속되는 한 연이어 꽃이 피지만, 기온이 떨어지기 시작하면 꽃이 작아지면서 아랫잎이 노랗게 변하고 가을이 온 것을 알려준다.

✳ 기르기 포인트

햇빛이 잘 들고 물빠짐이 적당한 장소가 좋다. 햇빛이 부족하면 웃자라고 식물체가 연약해지며 꽃달림이 나빠진다. 건조에는 비교적 강하지만 다습에는 약하기 때문에 장마 동안에는 비를 맞지 않도록 한다. 오랫동안 꽃이 피기 때문에 질소성분을 제외한 비료를 덧거름으로 준다.

모양이 흐트러질 때 가볍게 잘라 손질하면 일시적으로 꽃이 없어지지만 곧 되돌아온다. 꽃이 진 다음에는 10cm 정도를 남기고 잘라서 5℃ 이상에서 관리하면 월동시키는 것도 가능하다.

카틀레아

열대의 이국적인 느낌을 전해 주는 듯한 양란의 여왕

▶ Cattleya: William Cattley(d. 1832)를 기념

학명 :	*Cattleya* spp.
과명 :	난과(Orchidaceae)
영명 :	Cattleya
원산지 :	열대아메리카
개화기 :	겨울
원예분류 :	난과식물
크기 :	40~70cm
옮겨심기 :	3~4월
(생육적온)	15~25℃

　"양란의 여왕"이라고 불리는 카틀레아는 꽃이 매력적이고 화려하며 향기도 좋다. 중앙아메리카를 중심으로 약 50종이 분포하고 있다. 한 꽃대에 1~3개의 꽃이 달리며, 착생란으로 잎의 밑부분에 줄기가 굵어져서 벌브(가구근)를 형성한다. 주로 분화용으로 쓰이나 코사지용으로도 많이 사용된다.

✽ 기르기 포인트

　벌브를 충분히 굵게 하는 것이 중요하다. 이를 위해서는 여름에 50%, 봄가을에 30% 정도로 차광을 하여 충분히 햇빛을 받도록 하고, 겨울에는 최저온도를 13~15℃로 유지하여 보호한다. 또한 분갈이를 할 때 화분 안의 수태를 새것으로 교체하여 뿌리가 썩는 것을 방지하는 것도 중요하다.

　공중습도는 높고 뿌리는 건조한 상태가 좋다. 생육기간인 3~6월과 벌브가 완성되는 9월에는 유박과 같은 고형비료나 액비를 주어 꽃달림을 좋게 한다.

맨드라미

시골집 토담밑에서 여름을 지켜주는 닭볏 모양의 꽃

▶ Celosia: 불타는
▶ cristata: 장식을 한

학명:	*Celosia cristata*
과명:	비름과
	(Amaranthaceae)
영명:	Cock's comb
원산지:	열대아시아
개화기:	여름
원예분류:	춘파일년초
크기:	15~40cm
종자뿌리기:	4~6월
(발아온도)	20~25℃

　한여름부터 가을까지 화단에 강렬하고 붉은 색감을 주는 꽃으로 소형종은 플라워박스에서 기르면 좋고, 대형종은 절화나 드라이플라워에도 적합하다. 열대~아열대 아시아 원산의 식물이지만, 옛날부터 시골집 토담 밑에서 여름을 지켜주며 우리와 살아온 지 오래이다. 여름철에는 별미인 기지떡을 만들 때도 떡 위에 올라앉아 흰 떡살을 곱게 물들여 준다. 오래된 타입은 닭벼슬 모양의 화관을 하고 있지만, 최근에 많은 원예품종이 개발되었으며, 대부분 다음의 4그룹에 포함된다.

✳ 기르기 포인트
　햇빛이 잘 들고 물빠짐과 통풍이 적당한 장소가 좋다. 청결하고 비옥한 약산성의 토양이 좋다. 과습을 싫어한다. 비료는 필요하지만 질소성분이 많으면 웃자란다.
　고온성 식물이므로 종자는 온도가 충분히 올라가면 뿌린다. 다만 실내에서 4월에 일찍 파종하면 7~8월에 개화한다. 곧은 뿌리이므로 옮겨 심는 것을 싫어하기 때문에 화단이나 플라워박스에 직접 뿌린다.

- 플루모사종(Plumosa Group): 깃털맨드라미라고도 하며, 꽃이삭(花穗)이 원추형으로 창과 같은 형상을 하고 있다.
- 칠드시종(Childsii Group): 각 끝이 공 모양으로 둥글게 형성된다.
- 스피카타종(Spicata Group): 야생맨드라미 또는 실맨드라미라고도 하며, 인도나 일본의 남부지방에 야생한다. 꽃색은 밝은 적색에서 은백색으로 변한다. 한 번 심으면 해마다 종자가 떨어져서 이듬해 발아되어 자란다.
- 나나종(Nana Group): 소형종

▲ *C. cristata* var. *plumosa*

▲ *C. huttonii* cv. Sharon(꽃꽂이용으로 이용된다)

수레국화, 센토레아

방사형으로 화살을 달아 둔 것 같은 청색의 꽃

▶ Centaurea: 켄타우로스[반인반마(半人半馬)의 괴물]
▶ cyanus: 짙은 파랑

학명:	*Centaurea cyanus*
과명:	국화과(Compositae)
영명:	Knapweed,
	Cornflower
원산지:	유럽동남부
개화기:	초여름
원예분류:	추파일년초
크기:	30~100cm
종자뿌리기:	9월
(발아온도)	15~20℃
옮겨심기:	10월, 3월
(생육적온)	10~20℃

▼ 절화로 이용하는
C. suaveolens

유럽의 동남부에서 자라는 일・이년초로 독일의 나라꽃
이기도 했던 센토레아는 독일에서는 독신자가 옷깃에 꽂
는 꽃이라고 한다. 꽃은 가지와 원줄기 끝에 1개씩 달리며
감청색, 청색, 연한 빨강, 흰색 등 다양하고 모두 관상화이
지만 가장자리의 것은 특히 크기 때문에 설상화처럼 보인
다. 속명은 그리스신화에 나오는 반인반마의 괴물 켄타로
스가 이 식물의 잎으로 상처를 치료했다는 전설과 연관되
었다. 종명은 짙은 파랑색을 뜻하며 꽃색에서 유래되었다.

❋ 기르기 포인트

햇빛이 잘 들고 물빠짐이 적당한 곳이 좋다. 추위가 심하
면 잎이 상하므로 겨울의 찬바람이 닿지 않는 곳이 좋다.
비료는 많이 줄 필요가 없다. 특히 유묘기에 비료를 너무
많이 주면 웃자라기 쉽고 꽃도 늦게 핀다. 용토가 과습하거나 건조한 것에 약하
기 때문에 적당한 습기를 유지하는 것이 중요하다. 종자를 직접 또는 파종상에
뿌려도 좋은데, 직접 뿌리면 몇 번 솎아주어 간격이 40cm 정도 되도록 한다. 파
종상에 뿌리는 경우, 본엽이 2~3장 나오면 비닐포트에 심어 육묘하였다가 5~6
장 되었을 때 정식한다.

클레마티스

벽면을 타고 올라가는 크고 화려한 꽃

▶ Clematis: 그리스어 klematis(여러 덩굴성 식물)

학명:	*Clematis* spp.
과명:	미나리아재비과
	(Ranunculaceae)
영명:	Vase vine,
	Leather flower
원산지:	세계 각지
개화기:	초여름
원예분류:	다년초
크기:	100cm

"덩굴성"이란 의미를 가진 클레마티스. 우리나라에는 으아리(*C. mandshurica*), 큰꽃으아리(*C. patens*) 등이 자생하고 있다. 초여름부터 줄기 끝에 화려하고 큰 꽃이 달린다. 내한성이 비교적 강하기 때문에 바깥에 심어 벽면을 타고 올라가 도록 유인하면 좋다.

▼ 으아리

▼ 큰꽃으아리

✽ 기르기 포인트

  햇빛을 좋아하고, 추위에도 강하지만 여름철의 강한 햇빛은 피하는 것이 좋다. 물가짐이 좋은 용토를 사용하고, 생장기에는 물이 부족하지 않도록 한다. 여름과 겨울의 휴면기에도 용토를 건조시키면 안된다. 중성의 토양이 좋고, 비료를 좋아하지만 질소성분이 많으면 잎만 자라고 병에 걸리기 쉽다. 최소한 2년에 한 번 정도 분갈이를 해 준다.

▼ 클레마티스의 여러 품종

풍접초

바람에 하늘거리는 나비와 같은 우아한 꽃

▶ Cleome: 유래가 불분명함.
▶ spinosa: 가시투성이의, 가시 모양의

학명 :	*Cleome spinosa*
과명 :	풍접초과 (Capparidaceae)
영명 :	Spider plant
원산지 :	열대아메리카
개화기 :	여름
원예분류 :	춘파일년초
크기 :	80~100cm

열대아메리카 원산의 일년초로서 높이가 1m 정도이다. 4장의 꽃잎이 각각 긴 줄기모양으로 달려 서로 떨어진 것처럼 보이고, 수술과 암술도 가늘고 길게 돌출되어 있는 독특한 꽃이 마치 나비가 날아가는 것처럼 우아하다. 가늘고 긴 열매의 모양도 재미있다.

✱ 기르기 포인트

튼튼하여 키우기 쉽고, 크게 관리하지 않아도 잘 자란다. 햇빛이 잘 들고 물빠짐이 좋고 조금 건조한 토양이 적당하다. 고온에는 강하지만 저온에는 약하다. 따뜻해지면 종자를 뿌리는데, 옮겨심기를 싫어하므로 직접 뿌린다. 더워지면서 생장이 왕성하게 되고, 온도가 낮아지면 시들어

버린다. 자연스럽게 떨어진 종자가 다음해에 발아하여 다시 꽃을 볼 수 있다.

클레로덴드론

립스틱을 바른 것 같은 꽃부리에 수술과 암술이 길게 나와있는

▶ Clerodendron: 그리스어 kleros(행운, 기회) + dendron(나무)
▶ thomsoniae: Thomas Thomson(1817~1878)

학명:	*Clerodendrum*
	thomsoniae
과명:	마편초과
	(Verbenaceae)
영명:	Bleeding glory bower
원산지:	열대~아열대
개화기:	초여름
원예분류:	화목

　　높이 4m까지 자라는 상록성 덩굴식물이다. 꽃받침은 흰색, 꽃부리는 붉은색으로 수술과 암술이 길게 나와 있다. 초여름에 꽃이 무성하게 피어 흰색과 붉은색의 선명한 대조를 이루지만, 여름이 되면 영양생장이 왕성해져 잎만 무성하게되는 경우가 많다. 속명은 "행운"과 "나무"라고 하는 의미에서 유래되었다. 영명은 꽃부리가 마치 피를 흘리는 것과 같은 모양에서 유래되었다.

✳ 기르기 포인트

　　더위에 강하여 여름에는 바깥에 두어도 괜찮지만, 추위에 약하여 최저 10℃에서 보호해야 한다. 물빠짐이 좋은 용토가 적당하고 과습에 약하다.

　　꺾꽂이로 번식한다.

군자란

이름과는 달리 귀여운 주황색의 꽃이 큼직한 잎 사이에서 피는

▶ Clivia: 영국인 Clive를 기념하여
▶ miniata: 주홍빛 나는 붉은색의

학명:	*Clivia miniata*
과명:	수선화과
	(Amaryllidaceae)
영명:	Kaffir lily
원산지:	남아프리카
개화기:	봄
원예분류:	다년초

일반 가정에 한 화분씩은 있을 정도로 많이 알려진 군자란은 실제로 난과식물이 아니고 수선화과 식물이다. 원래 군자란이라고 하면 *Clivia nobilis*를 가리키나 보통 같이 쓰인다. 어느 정도 자라서 조건만 맞으면 주황색의 꽃이 하나의 꽃대에 여러 개가 둥글게 피어 실내 꽃보기식물로 널리 기르고 있다.

✹ 기르기 포인트

직사광선을 싫어하기 때문에 실내의 밝은 곳에서 기른다. 같은 위치에 계속 두면 잎이 한 방향으로만 향하기 때문에 일주일에 한 번 정도 방향을 바꾸어 준다. 추위에 약하기 때문에 겨울에는 실내에 둔다. 월동온도는 3℃ 정도이다. 다만, 5~10℃의 저온에 60~70일 두지 않으면 꽃대가 올라오지 않기 때문에 밤에 온도가 높은 장소에 두면 잎의 밑부분에서 개화해 버린다. 고온다습에 약하므로 장마기에는 비가 닿지 않도록 한다.

콜레우스

화려한 잎색을 자랑하는 잎보기식물

▶ Coleus: 그리스어 koleos(칼집, 덮개), 수술이 통처럼 모여나온 모습

학명:	*Coleus* spp.
과명:	꿀풀과(Labiatae)
영명:	Painted nettle, coleus
원산지:	열대~아열대
개화기:	여름
원예분류:	춘파일년초, 다년초
크기:	20~80cm
종자뿌리기:	4~5월
(발아온도)	20~25℃
옮겨심기:	5~6월
(생육적온)	17~25℃

　여름철 빛이 충분한 실내에서 기르면 화려한 잎색을 감상할 수 있다. 줄기꽂이로 쉽게 번식시킬 수 있으므로 여름철 녹색의 단조로운 실내를 화려하게 연출할 수 있다. 또한 자연스럽게 떨어진 종자가 발아하여 새로운 개체가 생겨나기도 한다.

　줄기는 다육질로 사각형의 형태를 가진 꿀풀과의 특징이 있다. 잎은 계란형으로 가장자리에는 둥근 톱니가 있고 품종에 따라 매우 다양한 색이 섞여 있다.

◀ 종자가 발아한 모습

✳ 기르기 포인트

고온 다습하고 햇빛과 물빠짐이 좋은 곳이 적당하다. 햇빛이 부족하면 웃자라고 연약해지며, 잎색도 나쁘게 된다. 여름에 너무 강한 햇빛을 받게 되면 타거나 꽃색이 산뜻하지 못하게 되므로 반그늘이 좋다. 원예적으로는 일이년초로 취급되지만, 겨울철에 조금 건조하게 유지하면 실내에서 연중 기를 수 있다. 월동온도는 8℃ 정도이다.

▼ 콜레우스로 가꾼 멋진 화단

금계국

노란색 코스모스인양 한들한들 모여피어 초여름을 장식하는 꽃

▶ Coreopsis: 벌레와 유사한(종자)
▶ lanceolata: 피침형 잎의

학명:	*Coreopsis* spp.
과명:	국화과(Compositae)
영명:	Tickseed
원산지:	북아메리카
개화기:	여름
원예분류:	다년초
크기:	50~60cm
발아온도:	15~20℃

▲ *Coreopsis lanceolata*

아메리카, 열대 아프리카 등지에 자생하는 일년초 혹은 다년초이다. 기차여행을 하다보면 철길을 따라 무리지어 피어 초여름을 알리는데, 화단이나 분화식물, 꽃꽂이용으로도 많이 이용되고 있다.

▼ *C. tinctoria*

✳ 기르기 포인트

튼튼하여 기르기 쉬운 식물이다. 햇빛이 잘 들고 물빠짐이 적당한 장소가 좋다. 추위에 비교적 강하다. 봄에 씨를 뿌리는 것이 일반적이지만 따뜻한 곳에서는 가을에 뿌려서 월동시킨 다음 봄에 꽃을 피우는 것도 가능하다. 종자가 감추어질 정도로만 흙을 덮고, 발아한 후 20~25cm 간격으로 솎아준다. 포기나누기로도 번식이 가능하다.

코스모스

무리지어 한들한들 피어 가을임을 알려주는 꽃

▶ Cosmos: 아름다운
▶ bipinnatus: 이회 우상열의(잎 모양)

학명 :	*Cosmos bipinnatus*
과명 :	국화과(Compositae)
영명 :	Cosmos
원산지 :	멕시코
개화기 :	가을
원예분류 :	춘파일년초
크기 :	150~200cm
종자뿌리기 :	4~6월
(발아온도)	15~20℃

멕시코 원산의 일년초로 무리지어 한들한
들 피어 가을의 정취를 느끼게 한다. 원래는
대표적인 단일식물이었으나, 현재는 일장에
관계없이 씨를 뿌린 후 50~70일이 지나면 꽃
이 피는 품종도 있다.

❋ 기르기 포인트

햇빛이 좋으면 생장이 왕성하다. 뿌리가 과습하면 모잘록병의 원인이 된다. 비
료가 적은 메마른 땅을 좋아하고, 비옥한 토양에서는 줄기와 잎이 연약하게 되어
웃자라거나 부러지고 꽃달림이 나쁘게 된다. 또한 질소성분이 적은 비료를 사용
해야 한다. 꽃이 일찍 피는 품종은 종자를 뿌린 후 2~3개월 후에 개화하기 때문
에 4월에 뿌리면 한여름 이전에 꽃을 볼 수 있다. 가을에 꽃이 피는 종은 키가 너
무 자라 넘어지는 것을 막기 위해서 6월에 뿌려 9월 말에 키가 작은 꽃이 피도록
한다.

크로커스

잔디밭에서 돋보이는 작은 장식용 알뿌리식물

※ ○ ✳✳✳ 〈 pH

▶ Crocus: 그리스어 krokos(사프란)에서 유래

학명:	*Crocus* spp.
과명:	붓꽃과(Iridaceae)
영명:	Crocus
원산지:	지중해연안
개화기:	봄
원예분류:	추식구근
크기:	10~18cm
알뿌리심기:	9~11월
(생육적온)	5~15℃

눈 녹기를 기다리고 있을 수 없다는 듯이 빼꼼이 얼굴을 내미는 크로커스의 꽃은 유럽사람들이 가장 마음속으로 기다리는 이른 봄의 꽃 가운데 하나이다. 화단에 군식하거나 암석정원, 잔디밭 가운데 심어도 아름답다. 또한 화분에 심어도 좋고, 물가꾸기로 이용되기도 한다. 키가 낮게 피기 때문에 걸이용으로 가득 심어도 재미있다. 잎은 솔잎처럼 가늘고 길게 자라며, 꽃이 낮에 벌어지고 밤에 닫히는 것이 특징이다.

✽ 기르기 포인트

화단에 심을 경우, 수선화과 식물을 재배한 땅은 피하고, 햇빛이 잘 들고 물빠짐이 좋은 사질양토가 적합하다. 흙은 미리 깊게 파고, 석회와 3요소가 균형있게 포함된 밑거름을 시비한다. 보통크기의 구는 5×5cm당 1구, 복토는 3cm 정도가 표준이다. 심은 뒤에는 물빠짐이 잘 되도록 하고, 두더지에 의한 피해도 주의해야 한다. 6월경 잎이 시들면 알뿌리를 파내서 바람이 잘 통하는 음지에서 건조시킨 후, 오래된 잎과 뿌리를 제거하고 알뿌리를 나누어 그늘에서 말린 뒤 시원하고 그늘진 곳에서 가을까지 보관한다.

크로산드라

깔때기 모양의 꽃이 피는 분화식물로 실내에서 즐기는

▶ Crossandra: 그리스어 krossos(a fringe, 술장식, 터부룩한 털)
　+ andros(male, 남성), 털있는 테두리를 가진 수술의 형태에서 유래
▶ infundibuliformis: 깔때기 모양의

학명:	*Crossandra*
	infundibuliformis
과명:	쥐꼬리망초과
	(Acanthaceae)
영명:	Firecracker flower
원산지:	인도, 스리랑카
개화기:	여름
원예분류:	화목
크기:	15~80cm
종자뿌리기:	5월
(발아온도)	25℃

　오렌지색의 꽃이 오랫동안 피기 때문에 화분에 심거나 여름철 화단의 꽃재료
로도 이용된다. 속명은 "술장식"과 "남성"의 합성어로, 테두리가 있는 수술의 형
태를 나타내고 있다.

✿ 기르기 포인트
　가볍고 물빠짐이 좋은 용토가 적합하다. 과습을 싫어하지만 생장기는 건조하
지 않도록 하고, 겨울에는 다소 건조하게 한다. 햇빛을 좋아하지만 여름의 강한
햇빛은 피하도록 한다. 월동에는 최저 10℃가 필요하기 때문에 겨울에는 실내
에서 관리한다.

쿠페아

임 겨드랑이에 작은 분홍색 꽃이 계속해서 피는

▶ Cuphea: 그리스어 kyphos(curved), 종자 꼬투리의 모양에서 유래
▶ hyssopifolia: 히솝풀(hyssop)과 비슷한 잎을 가진

학명:	*Cuphea hyssopifolia*
과명:	부처꽃과(Lythraceae)
영명:	False heather,
	elfin herb,
	hyssop cuphea
원산지:	멕시코
개화기:	봄~가을
원예분류:	다년초, 관목
크기:	30~50cm
종자뿌리기:	4~5월
옮겨심기:	5월
(생육적온)	15~25℃

멕시코에 자생하고 있는 다년초 또는 관목이다. 높이는 30~50cm 정도이고, 줄기는 잘 갈라진다. 5~6mm 정도로 작은 분홍색 꽃이 잎겨드랑이에 촘촘하게 달린다. 추위에 약하기 때문에 주로 실내에서 기른다.

✱ 기르기 포인트

물빠짐이 좋고 비옥한 토양이 적당하다. 햇빛을 좋아하지만 추위에는 약하기 때문에 겨울에는 실내에 들여 놓는다. 5℃ 이상에서 관리하면 월동도 가능하다.

쿠르쿠마

연꽃을 연상시키는 장밋빛의 포엽이 아름다운

▶ Curcuma: 아랍어로 "황색"을 의미하는 말에서 유래

학명:	*Curcuma* spp.
과명:	생강과(Zingiberaceae)
영명:	Hidden lily
원산지:	열대아시아
개화기:	여름
원예분류:	춘식구근
크기:	30~100cm
옮겨심기:	5월
(생육적온)	20~25℃

인도에서 동남아시아, 오스트레일리아 등지에 약 60종이 자생하고 있다. 꽃대가 높게 자라고 장밋빛의 포엽이 아름다워 분화나 절화로 인기가 있다. 야생종의 근경은 카레의 재료가 되는 turmeric이며, 속명도 아랍어로 "황색"을 의미하는 단어에서 붙여졌다. 꽃으로 보이는 것은 포엽으로 진짜 꽃은 포엽의 사이에서 조그맣게 핀다.

✽ **기르기 포인트**

햇빛을 좋아하며 햇빛이 부족하면 꽃수가 적게 되고 포엽의 색이 나쁘게 된다. 물빠짐과 물가짐이 좋고 비옥한 토양이 적합하다. 건조에 약하고, 특히 식물체의 밑부분이 건조에 약하기 때문에 수태 등으로 싸주는 것이 좋다. 추위에 약하므로 겨울에는 실내에 둔다. 잎이 완전히 시들면 물주기를 멈추고 실내에서 보관한다. 봄에 알뿌리를 파내어 새로운 용토로 분갈이 해 준다. 눈이 나올 때까지 그늘에서 관리한다.

시클라멘

겨울을 화려하게 장식하는 겨울철 분화식물의 여왕

▶ Cyclamen: 그리스어 kylos(원형), 구근이 둥근 것에서 유래
▶ persicum: 페르시아의

학명:	*Cyclamen persicum*
과명:	앵초과(Primulaceae)
영명:	Cyclamen
원산지:	지중해연안
개화기:	겨울
원예분류:	추식구근
크기:	15~40cm
구근심기:	5월
(생육적온)	15~25℃

　겨울부터 봄까지 계속해서 아름다운 꽃이 올라오면서 피며, "겨울철 분화식물의 여왕"이라고 불려질 정도로 인기가 있다. 유럽에서는 시클라멘의 뿌리를 돼지가 좋아하기 때문에 "돼지의 빵"이라고도 한다. 최근에는 저면관수법을 이용하여 대량으로 생산되고 있다.

✳ 기르기 포인트

　꽃을 구입할 때는 되도록이면 잎이 많고 식물체가 단단하며 꽃봉오리가 많이 보이는 것을 선택한다. 물은 흙이 건조해 보이면 화분 아래로 물이 흘러 나올 정도로 잔뜩 주는데, 이때 잎이나 꽃, 알뿌리에 물이 닿지 않도록 주의해야 한다. 과습하면 뿌리가 썩기 때문에 물을 자주 주는 것은 삼가한다. 개화기간 중에는 가끔 밖에서 햇빛을 받도록 하면 좋다. 난방을 너무 많이 한 방안에 두는 것은 좋지 않다. 꽃이 지면 꽃대를 비틀어 돌리면서 뽑아낸다. 꽃이 진 후에는 물을 주지 말고 알뿌리를 휴면시켜 여름을 보내는 것이 일반적이다.

춘란, 보춘화

이른 봄의 생명력을 느끼게 해주는 연두색의 꽃눈이 매력적인

▶ Cymbidium: 라틴어로 '물 위의 배'라는 의미
▶ goeringii: 일본에서 식물을 채집한 네덜란드의 괴링(P. Goering)을 기념

학명:	*Cymbidium goeringii*
과명:	난과(Orchidaceae)
원산지:	우리나라, 일본, 중국
개화기:	봄
원예분류:	난과식물
크기:	20~50cm
옮겨심기:	춘분/추분
(생육적온)	23~25℃

우리나라의 남부지방을 중심으로 해안을 따라 분포하고 있는 내한성이 강한 자생 난과식물로 동해안은 강릉, 서해안은 백령도까지 퍼져 있다. 예로부터 동양란 중에서 일경일화(一莖一花, 꽃대 하나에 한 송이의 꽃이 핌)인 것을 蘭이라 하고, 일경다화(一莖多花)인 것을 혜(蕙)라고 구분지어 불렀는데 춘란은 일경일화에 속한다.

춘란은 우리나라를 중심으로 일본과 중국에 분포하고 있으며 우리나라의 춘란과 일본 춘란은 향기가 거의 없고, 다양한 화색(花藝品)과 잎무늬종(葉藝品)을 주로 감상하는 반면, 중

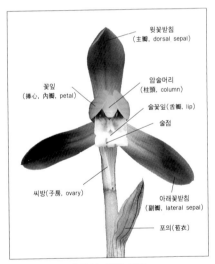

춘란의 화기 구조

국 춘란은 꽃의 향기가 뛰어나고 주로 꽃의 모양을 감상한다. 우리나라의 자생 춘란은 상록성의 지생종으로 잎은 선형이고 끝이 날카로우며 가장자리에 미세한 톱니가 있다. 꽃은 일반적으로 담녹색이며 3월 중순~4월 중순에 핀다.

최근 춘란에 대한 관심과 인기가 높아지면서 자연적인 변이에 의한 다양한 화색과 잎무늬종이 발굴 및 재배되어 각종 전시회에 출품되고 있다.

- 꽃 변이종: 빨강꽃(赤花, 紅花), 주황꽃(株金色花), 노랑꽃(黃花), 자주색꽃(紫花), 흰술꽃(素心), 복색꽃(複色花), 속빛무늬꽃(中透花), 갓줄무늬꽃(覆輪花), 속줄무늬꽃(縞花), 빛살무늬꽃(散斑花), 둥근꽃잎꽃(圓瓣花), 별난꽃(奇花) 등
- 잎 변이종: 속빛무늬(中透), 속빛줄무늬(中透縞), 속빛결무늬(中押), 속줄무늬(縞), 빛살무늬(散斑), 줄살무늬(散斑縞), 갓줄무늬(覆輪), 속갓줄무늬(覆輪縞), 얼룩무늬(虎皮), 그물무늬(蛇皮), 안개무늬(曙), 짧막이(短葉) 등

빨강꽃(赤花, 紅花)

주황꽃(株金色花)

노랑꽃(黃花)

자주색꽃(紫花)

흰술꽃(素心)

복색꽃(複色花)

속빛무늬꽃(中透花)

갓줄무늬꽃(覆輪花)

별난꽃(奇花)

속빛무늬(中透)

갓줄무늬(覆輪)

그물무늬(蛇皮)

얼룩무늬(虎皮)

✽ 기르기 포인트

춘란은 직사광선을 피하고 60~75%의 상대습도와 통기성이 좋은 장소에서 기르면 좋다. 용토는 물빠짐과 통기성이 좋은 동양란 전용 난석을 이용하고, 물 주기는 계절별로 일정한 간격으로 온도가 높아지기 전인 아침에 실시한다. 환경 의 갑작스런 변화를 싫어하므로 봄, 가을의 건조한 바람이나 여름철의 뜨거운 열 기가 직접 잎에 닿지 않도록 주의한다.

- 광: 봄부터 가을까지의 생육기에는 해가 뜬 후부터 2시간 동안은 아침의 부드 러운 직사광선을 충분히 받도록 해준다. 난분 또한 새촉이 아침햇빛을 받는 방 향으로 향하도록 해야 한다. 이후부터는 차광을 하여 13,000~15,000lux 정 도로 유지해 주며 석양빛은 가려주는 것이 좋다. 겨울은 춘란이 휴면하는 시기 이므로 차광을 많이 하여 5,000lux 정도로 유지해 주는 것이 좋다.

- 온도: 춘란의 생육적온은 23~25℃로 봄부터 가을까지는 주야온도차가 10℃ 정도 차이가 나도록 관리한다. 겨울철 휴면기에는 야간에 얼지 않을 정도로 관 리하고 보통 2℃를 유지해 주도록 한다. 낮 온도는 10℃가 넘지 않도록 주의한 다. 겨울철 휴면기에 충분한 저온을 접하지 못하면 봄철 개화기에 꽃이 일찍 피거나 꽃대가 충분히 자라지 못한채 꽃이 피어 버리고 새촉 또한 빈약해지는 등 생장리듬이 흐트러지므로 주의해야 한다.

- 물주기: 봄부터 가을까지는 3~4일 간격으로 화분 밑으로 물이 충분히 나오도록 관수한다. 장마철은 5~6일 간격이 적당하다. 겨울철은 일주일에 한번 정도 물을 주면 충분한데, 이때 물이 화분밑으로 흘러나오기 시작하면 그만 주는 것이 좋다. 휴면기이므로 물 소비도 적고 뿌리가 움직이지 않는 시기이므로 상대적으로 물을 적게 주는 것이 좋다.
- 비료: 비료는 생육이 왕성한 봄과 가을에 주는 것이 좋다. 고형비료는 4월과 10월경에 2개 정도 난분에 올려 놓는다. 액체비료의 경우는 봄과 가을에는 일주일에 한번 정도, 여름철에는 2주일에 한번 정도 하이포넥스를 3000배 정도로 약하게 희석하여 준다. 겨울철에는 비료를 주지 않는다.
- 분갈이: 분갈이는 1년에 한번 정도가 바람직하며 봄이나 가을에 춘분과 추분을 중심으로 실시하는 것이 좋다. 난분과 난석은 분갈이 실시 3일전부터 물에

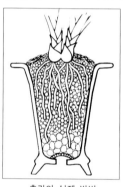

춘란의 식재 방법

담가 두어 충분히 물을 머금도록 해야 한다. 난분은 통풍이 좋은 낙소분을 사용하는 것이 좋다. 난석을 채울 때는 大·中·小粒을 차례로 채우고 벌브부분을 화장사로 덮어둔다. 大·中·小粒의 경계지점에는 두가지 크기의 난석을 섞어서 경계가 뚜렷하게 나지 않고 자연스럽게 채워지도록 하는 것이 좋다. 분갈이 후 1주일간은 차광을 많이 해 주고, 2주간 매일 물을 주어 난석이 마르지 않도록 주의한다.

- 화장사 교체 : 화장사는 1년에 2~3번 정도 갈아주며 4월과 10월에 고형비료를 올려주기 직전과 여름철 장마가 시작하기 전에 교체해 주는 것이 좋다. 봄철의 화장사 교체시에는 새눈을 확인할 수 있는데, 이때 새눈이 뿌리 사이에 끼어서 정상적으로 나올 수 없는 경우에는 뿌리 사이를 난석을 이용하여 벌려주거나 뿌리를 제거하여 새눈이 잘 나오도록 해야 한다.
- 병충해 방제: 병해의 예방을 위해서는 환기와 통풍이 중요하다. 해가 지기 전까지는 난 잎이 한들한들 움직일 정도의 약한 바람이 부는 것이 좋다.
  ▶ 탄저병이나 잎마름병과 같은 곰팡이에 의한 병해의 방제는 톱신M, 벤레이트, 다코닐, 로브랄 등과 같은 약제를 1000배로 희석하여 봄, 가을에는 월 1회, 여름에는 월 2회 정도 살포하여 예방한다.
  ▶ 여름철에 발생하기 쉬운 연부병과 같은 세균에 의한 병은 스트렙토마이신 1000배액을 살포하여 예방한다.

▶ 바이러스에 의한 병은 치료할 수 없으므로 발생되지 않도록 사전에 예방해야 한다. 접촉성 감염이므로 한번 사용한 가위나 도구는 열탕소독이나 알코올 램프 등으로 달군 후에 재사용해야 한다.

▶ 봄철 새촉이 나올 때는 총채벌레(지오렉스 1000배액), 5~6월경에는 깍지벌레(수프라사이드 1000배액), 7~10월경에는 응애와 진딧물이 발생하기 쉬우므로 발견되는 즉시 농약을 살포한다.

▶ **중국 춘란(*C. forrestii*)**

향기가 없는 우리나라 춘란에 비해 매력적인 향기를 가지고 있는 것이 특징이며, 화색이나 잎무늬가 아니라 꽃의 모양에 감상 포인트를 두고 있다. 꽃의 모양은 주로 꽃잎과 꽃받침에 기준하여 나누고 있는데, 매화꽃잎(梅瓣), 연꽃잎(荷花瓣), 수선꽃잎(水仙瓣), 별난꽃(奇花) 등으로 나누고, 이름도 각각 梅, 荷, 仙, 蝶을 붙여 부르는 경우가 많다. 꽃색의 차이에 따라서는 흰술꽃(素心)과 색화(色花)로 나누며, 흰술꽃은 주로 素를 붙여 부른다.

일반적으로 一莖多花性인 一莖九花(*C. faberi*)를 중국 춘란의 범주에 포함시키는데, 보통의 중국 춘란을 一花, 일경구화를 九花라고 부르기도 한다. 일경구화의 잎은 길고 거칠며 광택이 별로 없다. 꽃은 5~6개 이상 달리며 淸香이 난다. 뿌리는 두껍고 길며 강건한 반면 벌브는 작아서 거의 없는 것처럼 보인다.

"宋梅": 매화꽃잎(梅瓣)

"大富貴": 연꽃잎(荷花瓣)

"龍字": 수선꽃잎(水仙瓣)

"余胡蝶": 별난꽃(奇花)

"老文團素": 흰술꽃(素心)

"金蝶飛舞": 색화(色花)

한 란

그윽한 향기와 아름다운 자태의 꽃

▶ Cymbidium: 라틴어로 '물 위의 배'라는 의미
▶ kanran: 한란의 일본어 발음

학명:	*Cymbidium kanran*
과명:	난과(Orchidaceae)
원산지:	우리나라, 일본, 중국
개화기:	가을
원예분류:	난과식물
크기:	50~70cm
옮겨심기:	춘분/추분
(생육적온)	15~25℃

　　그윽한 향기와 아름다운 자태로 춘란과 함께 우리나라에서 인기있는 동양란이다. 우리나라에서는 제주도에 자생하는데, 일반적으로 꽃이 10~12월경 추울 때 피기 때문에 寒蘭이란 이름이 붙었다. 꽃색은 연한 황록색 또는 홍자색 등 변화무쌍하고, 꽃잎은 춘란보다 좁고 길며, 향기는 고귀한 仙香을 나타낸다. 천연기념물 제191호로 지정, 보호하고 있다.

　　잎은 선형이며 뒤로 젖혀지고 길이 20~70cm, 너비 6~17mm로서 끝이 뾰족하며 가장자리가 다소 밋밋하다. 한란을 감상할 때는 꽃색을 기준으로 초록꽃(綠花, 靑花), 빨강꽃(紅花), 분홍꽃(桃色花), 줄무늬꽃(更紗花), 노랑꽃(黃花), 흰술꽃(素心) 등으로 구분할 수 있으며, 최근에는 잎무늬종도 등장하고 있으나 아직 그 수가 춘란보다 적은 편이다.

▼ 잎무늬종(日本寒蘭 "春光")

✻ 기르기 포인트

한란은 동쪽과 남쪽에서 아침햇빛을 받고 통풍이 좋은 곳에 두며 겨울철에 얼지 않도록 하는 것이 기본이다.

● 광: 여름에는 햇빛이 강하기 때문에 10,000lux 이하가 되도록 차광한다. 가을에는 꽃눈이 자라나므로 강한 햇빛을 받지 않게 한다. 겨울은 휴면하는 시기이므로 많이 차광하여 5,000lux 정도로 유지해 주는 것이 좋다.

● 온도: 한란의 생육적온은 15~25℃로 봄부터 가을까지는 낮과 밤의 온도가 10℃ 정도 차이나도록 관리한다. 한란은 고온에 견디므로 여름에는 특별히 서늘하게 유지할 필요가 없지만 33℃를 넘지 않는 것이 좋다. 겨울철 휴면기에는 야간에 얼지 않을 정도로 관리하면 좋은데, 보통 5℃를 유지해 주도록 한다. 낮의 온도는 15℃가 넘지 않도록 주의한다.

● 그 외의 관리는 춘란(59쪽)을 참고한다.

초록꽃(綠花, 靑花)

빨강꽃(紅花)

분홍꽃(桃色花)

줄무늬꽃(更紗花)

노랑꽃(黃花)

흰술꽃(素心)

보세란

새해를 맞이하는 난

▶ Cymbidium: 라틴어로 '물 위의 배'라는 의미
▶ sinense: 중국의

학명:	*Cymbidium sinense*
과명:	난과(Orchidaceae)
원산지:	중국, 대만
개화기:	겨울
원예분류:	난과식물
크기:	40~60cm
옮겨심기:	춘분/추분
(생육적온)	20~25℃

▲ 臺灣報歲蘭 "愛國"

　　보세란은 원산지에 따라서 중국 보세란과 대만 보세란으로 나누는데, 중국 보세란은 엽폭이 넓고 곧으며 잎끝이 둥글어 웅대한 느낌을 주지만 원예종으로 명명된 것은 "상원황(桑原晃)"이 유일하다. 대만 보세란은 엽폭이 넓고 잎끝이 뾰족하며 굽은 잎으로 무늬의 종류도 다양하여 명명된 것이 많다. 흔히 동양란으로 불리면서 선물용으로 가장 많이 이용되고 있는 것은 대만 보세란으로 긴 꽃대에 8~9개의 다갈색의 꽃이 달리며 향기가 있다.

　　일반적으로 일경다화인 동양란을 蕙蘭이라고 부르는데, 잎이 넓은 것을 廣葉蕙蘭, 잎이 좁은 것을 細葉蕙蘭으로 구분한다. 광엽혜란에는 중국 보세란, 대만 보세란, 대명란 등이 있고 겨울철에 개화한다. 세엽혜란에는 건란, 옥화란, 적아소심, 소심란, 옥심란, 고금륜, 암고금륜 등이 있고 여름부터 가을에 걸쳐 개화한다. 혜란의 원산지는 중국과 대만이지만 일본으로 도입되면서 다양한 무늬종이 선발되고 재배됨에 따라 혜란이 무늬종을 가리키는 것으로 인식되기에 이르렀다.

✻ 기르기 포인트

혜란의 기르기는 겨울의 추위를 막고 강한 바람이나 비, 직사광선으로부터 난을 보호하는것이 기본이다. 광엽혜란과 세엽혜란은 그 형태적인 차이로 인해 기르기에도 차이가 있다.

- 광: 봄부터 가을까지의 생육기에는 해가 뜬 후부터 2시간 동안 아침의 부드러운 직사광선을 충분히 받도록 하고 석양빛은 가려준다. 10,000lux를 기준으로 보세란은 이보다 낮게, 세엽혜란은 이보다 조금 높게 관리한다. 품종에 따라서 특히 무늬가 햇빛에 타기 쉬운 품종이나 무늬가 화려하여 엽록소가 적은 것은 빛을 약하게 해 주어야 한다.
- 온도: 혜란의 생장기는 20~25℃가 적온이다. 겨울철은 절대로 얼지 않도록 주의하여야 하는데, 5℃ 정도를 유지하도록 한다. 가온하여 빨리 새촉을 내어 생육시키고자 할 때에도 12월 중순에 일단 10일 정도는 5℃ 정도의 저온을 접하게 한 후 15℃로 조절한다.
- 물주기: 보세란은 잎이 크고 넓은 지상부에 비해 뿌리가 상당히 빈약하지만 세엽혜란은 지상부에 비해 뿌리가 많다. 따라서 봄부터 가을까지 보세란은 1~2일 간격으로, 세엽혜란은 3~4일 간격으로 화분 밑으로 물이 충분히 나오도록 관수한다. 겨울철은 일주일에 한번 정도 물을 주면 충분한데, 이때 물이 화분 밑으로 흘러나오기 시작하면 그만 주는 것이 좋다. 휴면기이므로 물소비도 적고 뿌리가 움직이지 않는 시기이므로 상대적으로 물을 적게 주는 것이 좋다.
- 그 외의 관리는 춘란(59쪽)을 참고한다.

大明蘭 "太陽"

建蘭 "天司晃"

玉花蘭 "錦旗"

赤芽素心 "薩摩錦"

玉魫蘭 "鳳"

岩古今輪 "晃輝"

양란심비디움

크고 화려하며 우리나라에서 가장 많이 애용되고 있는 양란

▶ Cymbidium: 라틴어로 '물 위의 배' 라는 의미

학명:	*Cymbidium* spp.
과명:	난과(Orchidaceae)
영명:	Cymbidium
원산지:	열대아시아
개화기:	겨울
원예분류:	난과식물
크기:	50~100cm
옮겨심기:	3~4월
(생육적온)	15~25℃

　심비디움은 라틴어로 "물 위의 배"라는 의미로 인도, 동남아시아, 중국, 일본, 뉴기니아, 오스트레일리아 북부에 약 70종이 분포하고 있다. 춘란과 한란 같은 동양란도 같은 심비디움속이지만, 양란심비디움은 열대아시아 원산의 야생종과 그 교배종으로 동양란에 비해 꽃이 크고 향기가 적거나 없다. 꽃색은 주로 백색, 자색, 노란색, 연녹색 등이 있으며, 교배종은 이러한 색들의 조합으로 인해 아주 화려하다. 주로 분화용으로 이용되지만 절화용으로도 이용되고 있다.

✱ 기르기 포인트

　꽃이 핀 화분을 구입하여 2~3일 간격으로 약한 햇빛을 받게 하고 흙 표면이 말랐으면 물을 잔뜩 준다. 용토의 과습에 약하기 때문에 건조하게 관리하면서 잎에 분무기로 스프레이하여 공중습도를 높게 해 준다. 꽃은 한달 이상 피는데, 오랫동안 계속 피어 있으면 식물체에 부담을 주므로 한달 정도 지나면 꽃대를 잘라서 꽃꽂이용으로 이용한다. 꽃이 지면 실내의 밝은 곳에서 관리하고, 3~4월이 되면 포기나누기를 한다. 5월 이후에는 바깥에서 기르고, 여름에는 30% 정도 차광된 곳에 두고 아침 저녁으로 물을 준다. 11월 정도에 실내로 들여 놓는다.

▼ 심비디움의 여러 품종

다알리아

놀라울 정도로 다채로운 꽃모양과 꽃색

▶ Dahlia: Dr. Anders Dahl(1751~1789), 스웨덴 식물학자, 린네의 제자

학명:	*Dahlia* spp.
과명:	국화과(Compositae)
영명:	Dahlia
원산지:	멕시코
개화기:	여름~가을
원예분류:	춘식구근
크기:	20~150cm
옮겨심기:	5월
(생육적온)	15~22℃

　다알리아는 화단이나 분화식물, 절화로서 세계적으로 널리 애용되고 있는 대표적인 알뿌리식물이다. 여름에 꽃이 피며, 꽃모양이 다양하고 색채가 풍부하다. 멕시코, 과테말라의 고원지대가 원산지로서 수십종이 자생하는 것으로 알려져 있는데, 그 중 *D. coccinea, D. pinnata* 등이 현재 원예종의 모태가 되었다고 한다.

▼ 다알리아의 알뿌리

✱ 기르기 포인트

　다알리아는 막눈(부정아)을 내지 않기 때문에 머리부분이 부러지거나 상하지 않고 선단부분에 눈이 확실히 붙어 있는 알뿌리를 선택한다. 햇빛이 잘 들고 물빠짐이 좋은 곳을 골라 심기 전에 퇴비나 유기질비료를 충분히 넣는다. 눈 부분이 심는 구멍의 중심에 위치하도록 알뿌리를 넣고, 중심에 지주를 세워 둔다. 복토는 약 5cm 정도로 한다. 지상부가 시들면 알뿌리를 파내어 실내에서 5℃ 이상으로 관리한다.

서 향

향기가 좋은 홍자색의 꽃보기나무

▶ Daphne: 월계수(laurel)의 그리스어, 그리스의 여신명
▶ odora: 향기가 있는

학명:	*Daphne odora*
과명:	팥꽃나무과
	(Thymelaeaceae)
영명:	Winter daphne
원산지:	중국
개화기:	초봄
원예분류:	화목
크기:	100cm

　향기가 좋은 홍자색의 꽃이 피는 서향은 남부지방에서는 정원에 심고 기를 수 있지만, 중부지방에서는 화분에 심어 겨울에 실내에서 관리해야 한다. 높이가 1m 정도까지 자라는 상록성 관목으로 꽃은 작년 가지에 달린다.

✱ 기르기 포인트

　햇빛이 잘 들고 물빠짐이 적당한 곳이 좋다. 반그늘에서도 생육하지만 꽃달림이 나쁘게 된다. 한꺼번에 강하게 자르는 전정은 피한다. 다 자란 나무(성목)는 옮겨심기를 하지 않는 것이 좋다.

국 화

☀ ◊ ❄❄❄

가을을 대표하는 분화식물

▶ Dendranthema: 그리스어 dendron(나무) + anthemon(꽃).
꽃대가 목본성인 것을 말한다.
▶ grandiflora: 큰 꽃

학명:	*Dendranthema grandiflorum*
과명:	국화과(Compositae)
영명:	Florist's chrysanthemum, Mum
원산지:	유럽, 아메리카, 중국
개화기:	가을
원예분류:	다년초
크기:	25~60cm
옮겨심기:	6월
(생육적온)	15~25℃

국화는 오랫동안 꽃 기르기의 대표적인 식물이었으며, 특히 중국, 일본 등 동양권에서 스탠다드멈(standard mum, 중·대국) 국화품종이 주류를 이루며 크게 발달하였다. 이와달리 서양에서는 풍부한 색과 화려한 형태의 스프레이멈(spray mum), 화분에 적당한 포트멈(pot mum), 반구형으로 꽃이 피는 쿠션멈(cushion mum) 등의 서양국화가 육성되었다. 최근에는 이러한 서양국화가 화단, 화분, 그리고 꽃꽂이용으로 폭넓게 이용되고 있다.

✴ 기르기 포인트

햇빛이 잘 들고 통풍이 좋은 곳이 적당하다. 과습에 약하므로 물빠짐이 잘 되는 용토가 좋지만, 물빠짐이 나쁘면 생장이 좋지 않게 된다. 간단한 서리방지 덮개로 월동이 가능하다. 가지의 밑부분을 잘라 두면, 다음해에도 꽃을 볼 수 있다.

▼ 국화의 여러 품종

덴드로비움

가꾸기 쉬운 양란

▶ Dendrobium: 그리스어 dendron(a tree) + bios(life), 나무에 붙어 사는

학명:	*Dendrobium* spp.
과명:	난과(Orchidaceae)
영명:	**Dendrobium**
원산지:	동남아시아
개화기:	겨울~봄
원예분류:	난과식물
크기:	20~40cm
옮겨심기:	5월
(생육적온)	10~25℃

덴드로비움은 "나무"와 "생활"의 합성어로 나무에 붙어 사는 습성을 표현한 것이다. 열대아시아를 중심으로 뉴기니아, 뉴질랜드, 일본, 우리나라에 걸쳐 약 1000~1400 종이 분포되어 있으며, 난과식물 중 최대의 속 중의 하나이다. 직립하는 줄기의 마디에 백색, 황색, 연분홍색, 진분홍색의 작은 꽃이 1개 또는 2~3개씩 핀다. 보통 설판의 중앙부에 진한 색깔의 반점이 있는 것이 특징이다. 꽃이 필 때 잎이 있는 종류와 없는 종류가 있고, 향기가 좋은 것과 없는 것이 있다. 기생란이고, 곧은 대나무 같은 줄기가 벌브(가구근; **pseudobulb**)의 역할을 한다.

✳ 기르기 포인트

4~6월까지가 생육기로 충분히 햇빛을 받고 비료도 주어 충실한 벌브가 만들어지도록 한다. 분갈이와 포기나누기는 봄에 실시한다. 10~15℃의 온도에 1개월 정도 있어야만 꽃눈이 생기므로 가을에 물주기를 멈추고 꽃눈이 만들어지면 실내에 들여 놓는다. 꽃이 피어 있을 때는 물주기를 삼가고 분무기로 스프레이만 한다.

덴파레

코사지로 이용되는 호접란을 닮은 덴드로비움

▶ Dendrobium: 그리스어 dendron(a tree) + bios(life), 나무에 붙어 사는
▶ phalaenopsis: 그리스어 phalaina(나비) + opsis(닮은)

학명:	*Dendrobium phalaenopsis*
과명:	난과(Orchidaceae)
원산지:	오스트레일리아, 뉴기니아
개화기:	가을
원예분류:	난과식물

덴드로비움 팔레놉시스를 줄여서 덴파레라고도 부른다. 원산지는 오스트레일리아, 뉴기니아 등 열대아시아로 고온을 아주 좋아하며 나무에 착생한다. 꽃의 수명이 길고 색깔도 빨강, 핑크, 자주, 보라, 노랑, 녹색, 흰색 등 다양하며 덴드로비움속이지만 기르는 방법이 약간 다르다. 절화용으로 1년 내내 출시되며, 화분용으로는 여름에서 초겨울에 걸쳐 많이 나온다.

✽ 기르기 포인트

고온성이므로 가을부터 초여름에 걸쳐서 야간온도는 20℃ 전후, 낮 온도도 30℃ 전후로 관리한다. 60~70%의 공중습도가 바람직하다. 최저온도가 15℃를 넘으면 주위보다 온도가 높은 실외에 둔다. 이 기간에 새눈이 생장하므로 물을 많이 준다. 햇빛을 좋아하므로 잎이 타지 않는 한 햇빛을 충분히 받도록 한다. 실내에서는 조금 건조하게 관리한다.

스위트윌리암, 수염패랭이꽃

작은 패랭이꽃이 많이 모여 송이를 이루고 있는 것 같은

☀ ◇ ❄❄❄

▶ Dianthus: 그리스어 Di(제우스) + anthos(꽃)의 합성어
▶ barbatus: 수염이 난

학명:	*Dianthus barbatus*
과명:	석죽과
	(Caryophyllaceae)
영명:	Sweet william
원산지:	북아메리카
개화기:	봄
원예분류:	추파일년초,
	이년초, 다년초
크기:	15~50 cm
종자뿌리기:	9월
(발아온도)	15~20℃
옮겨심기:	10월
(생육적온)	10~25℃

　　줄기가 굵고 지름 1cm 정도의 꽃이 우산 모양으로 여러 개 핀다. 현재는 소형 종이 출시되어 화단이나 화분, 플라워박스 등에 심어서 즐길 수 있다.

✻ 기르기 포인트

　　겨울에도 특별히 보온할 필요가 없다. 비가 계속 내리면 반점이 생기거나 잎이 시들기도 하므로 빨리 방제한다. 꽃이 지면 줄기의 절반을 잘라내어 다음해에 큰 주에 꽃이 피도록 유도한다.

◀ 술패랭이꽃

　　(*D. superbus* var. *longicalycinus*)

　　꽃은 7~8월에 피며, 가지 끝과 원줄기 끝에 달리고 연한 홍색이다. 꽃잎은 5개로서 밑부분이 가늘고 길며, 끝이 깊고 잘게 갈라지며 그 밑에 털이 있다.

패랭이꽃

톱니가 난 꽃잎 모양을 하고 있는 귀여운 꽃

☀ ○ < pH

▶ Dianthus: 그리스어 Di(제우스) + anthos(꽃)의 합성어
▶ chinensis: 중국의

학명:	*Dianthus chinensis*
과명:	석죽과
	(Caryophyllaceae)
영명:	Rainbow pink
원산지:	우리나라, 중국
개화기:	봄
원예분류:	추파일년초,
	이년초, 다년초
크기:	10~20 cm
종자뿌리기:	9월
(발아온도)	15~20℃
옮겨심기:	10월
(생육적온)	10~20℃

잎은 카네이션(*D. caryophyllus*)보다 좁고 회녹색이며, 크기가 10~20cm의 소형으로 화단이나 화분에 이용된다.

❋ **기르기 포인트**

종자는 비를 맞지 않고 햇빛이 좋은 장소의 파종상에 줄뿌림을 한다. 1주일 정도 후에 발아하면 빽빽한 곳은 솎아 준다. 본엽이 2장일 때 5cm 간격으로 옮겨 심었다가 20일 정도 지나면 화단에 20~25cm 간격으로 정식한다. 화단에는 석회를 충분히 뿌려 토양을 중화시켜 주는 것이 중요하지만, 햇빛과 물빠짐이 좋은 곳이라면 토질은 크게 상관이 없다.

디기탈리스

초롱꽃이 수십개 모여 달린 듯한 화려한 초여름의 꽃

▶ Digitalis: 손가락 모양의

학명:	*Digitalis* spp.
과명:	현삼과
	(Scrophulariaceae)
영명:	Foxglove
원산지:	유럽, 서아시아
개화기:	초여름
원예분류:	이년초, 다년초
크기:	100~150cm
종자뿌리기:	5~6월
(발아온도)	10~15℃
옮겨심기:	9~11월
(생육적온)	15~20℃

길고 곧은 줄기에 초롱 모양의 꽃이 층층이 달린다. 유럽에서부터 아시아 서부와 중부에 약 25종이 분포하는데, 약용식물로 유명하며 주로 화단식물로 이용된다.

✳ **기르기 포인트**

건조를 좋아하기 때문에 물빠짐이 좋은 사질토양이 적당하다. 햇빛을 좋아하지만 반그늘에서도 개화한다. 꽃이 지면 종자가 만들어지지 않도록 따준다. 꽃 전체가 지면 잎은 남기고 꽃송이를 잘라주면 잠시후에 두 번째 꽃이 핀다.

종자는 화분이나 파종상에 뿌리고, 본엽이 3~4장일 때 정식한다. 5월에 종자를 뿌리면 이듬해 초여름에 꽃이 피고, 9월에 뿌리면 이듬해에는 꽃이 피지 않고 그 다음해에 꽃이 핀다.

리빙스톤데이지

낮에 열리고 밤에 닫히는 광택이 나는 화려한 꽃

▶ Dorotheanthus: Dorothea Schwantes를 기념. 독일의 다육식물 전문가인
Dr. Martin Heinrich Schwantes(1881~1960)의 어머니
▶ bellidiformis: 데이지(*Bellis*)와 유사한

학명:	*Dorotheanthus bellidiformis*
과명:	석류풀과(Aizoaceae)
영명:	Livingstone daisy
원산지:	남아프리카
개화기:	봄
원예분류:	일 · 이년초
크기:	10~15cm
종자뿌리기:	10월
(발아온도)	15~20℃
옮겨심기:	4월
(생육적온)	10~20℃

줄기는 땅을 기는 듯이 갈라지면서 자라고, 데이지와 비슷한 선명한 꽃이 겹치면서 화려한 융단을 만드는 듯 핀다. 꽃지름은 4~5cm, 광택이 있는 가늘고 긴 꽃잎이 수십장 붙어 햇빛을 받으면 펼쳐지고 흐린날이나 밤에는 오무린다.

✻ 기르기 포인트

햇빛이 잘 들고 물빠짐이 좋고 부식질이 풍부한 곳이 적당하다. 건조에 강하지만 과습에 약하여 뿌리썩음병이 잘 일어난다.

월동온도가 5℃ 전후이므로 추위에 약하지만, 이정도 온도에서 웃자라지 않도록 기르면 꽃달림이 좋아진다.

에키나세아

루드베키아를 닮은 적갈색 꽃

※ ◇ ❄❄❄

▶ Echinacea: 그리스어 echinos(고슴도치)에서 유래, 탁엽의 가시를 비유
▶ purpurea: 자주색의

학명:	*Echinacea purpurea*
과명:	국화과(Compositae)
영명:	Purple coneflower
원산지:	북아메리카
개화기:	여름
원예분류:	다년초
크기:	60~100cm
옮겨심기:	3월, 10월
(생육적온)	15~25℃

　북아메리카 원산의 다년초이다. 크기는 60~100cm로 잎은 어긋나며 털이 많이 나 있다. 줄기 끝에 지름 10cm 정도의 루드베키아와 닮은 꽃이 달린다. 가운데의 통상화는 짙은 적갈색이고, 주변의 설화상는 자홍색으로 조금 아래쪽으로 향해 핀다. 튼튼하여 기르기 쉽고 정원이나 화분에 심어 기른다.

▼ *E. purpurea* cv. White Lustre

✻ 기르기 포인트

　봄에 종자를 뿌리거나 포기를 나누어 번식시킨다. 햇빛과 물빠짐이 좋은 곳을 골라 퇴비나 부엽토를 넣어 부식질이 풍부한 토질로 만든 후에 심는다.

에키놉스, 절굿대

고슴도치가 몸을 둥글게 만든 모양의 꽃

☀ ◇ ❄❄❄ < pH

▶ Echinops: echinos(고슴도치) + ops(모양)

학명:	*Echinops* spp.
과명:	국화과(Compositae)
영명:	Small globe thistle
원산지:	서아시아, 동유럽
개화기:	여름
원예분류:	다년초
크기:	80~100cm
종자뿌리기:	5월~6월
(발아온도)	15~20℃
옮겨심기:	10월
(생육적온)	15~20℃

속명인 에키놉스는 그리스어로 "고슴도치"란 뜻으로, 두상화가 고슴도치가 몸을 둥글게 한 것 같은 형태에서 유래된 것으로 보인다. 우리나라에는 절굿대 (*Echinops setifer*)가 자생하고 있으나 원예적으로 이용되는 에키놉스는 동유럽에서부터 서아시아 원산이다. 여름철 화단식물로 이용되는 숙근초로서 절화나 드라이플라워로도 사용된다.

✱ **기르기 포인트**

건조하고 시원한 상태를 좋아하고, 고온다습한 것을 싫어한다. 다습하게 되면 뿌리가 썩기 쉽다. 햇빛과 물빠짐이 좋은 곳이면 어디든지 잘 자란다.

5~6월에 종자를 뿌려 키운 모를 가을에 정식한다. 약알칼리성의 흙을 좋아하기 때문에 심기 전에 석회를 뿌린다. 4~5년이 된 큰 주는 가을이나 봄에 포기나 누기한다. 종자는 수명이 짧기 때문에 오래된 종자는 사용하지 않는 것이 좋다.

에피덴드럼

붉고 작은 꽃이 빽빽하게 나는 작은 난

▶ Epidendrum: 그리스어 epi(위의) + dendron(나무), 나무의 위

학명:	*Epidendrum* spp.
과명:	난과(Orchidaceae)
영명:	Buttonhole orchid
원산지:	중남아메리카
개화기:	겨울
원예분류:	난과식물

열대, 아열대아메리카 원산의 착생란으로 약 1000여 종이 분포하고 있으며, 카틀레야와 근연종에 속하여 관리방법도 비슷하다. 학명은 "나무의 위"라는 뜻을 가졌는데, 착생란인 것에서 유래하였다. 강한 향기가 있는 종도 있으며, 강건한 성질이다. 줄기가 길어서 꽃꽂이용으로도 이용된다.

✱ 기르기 포인트

종류가 많고 자생지나 형상이 다양하지만 비교적 튼튼한 것이 많고 재배도 쉽다. 해발고도가 높은 곳이 원산지인 종류는 서늘한 것을 좋아하여 여름의 더위에 약하지만, 대부분은 보통 온도의 온실에서 재배가 가능하고 햇빛을 좋아한다. 보통 카틀레야와 비슷하게 관리하면 된다.

캘리포니아포피

초여름 바람에 흔들리는 주황색의 꽃

☀ ○ ❄❄ < pH

▶ Eschscholzia: Johann Friedrich Eschscholtz(1793~1831)를 기념
▶ californica: 캘리포니아의

학명:	*Eschscholzia californica*
과명:	양귀비과 (Papaveraceae)
영명:	California poppy
원산지:	북아메리카 서부
개화기:	초여름
원예분류:	추파일년초
크기:	20~40cm
종자뿌리기:	9월
(발아온도)	15~20℃

　캘리포니아 중남부 원산의 일년초로 금속광택이 있는 선명한 오렌지색 꽃이 주를 이루고 있으며, 개량종들은 옅은 노란색과 붉은색을 띠고 있다. 4장의 큰 꽃잎이 모여 둥근 모양을 이루며, 햇빛이 충분히 비치지 않으면 바로 꽃잎이 말리면서 닫힌다.

✽ 기르기 포인트

　햇빛이 잘 들고 다소 건조하며 물빠짐이 좋은 곳이 적당하다. 산성의 토양에 약하므로 석회로 충분히 중화시키는 것이 필요하다. 옮겨심기를 싫어하기 때문에 종자를 정원이나 플라워박스에 직접 뿌린다.

설악초, 유포르비아마지나타

여름철에 눈이 온 듯한 분위기를 주는 잎

▶ Euphorbia: 마레우타니아 왕의 의사인 Euhporbus의 이름에서 유래된 것으로 추정.
▶ marginata: 가장자리의

학명:	*Euphorbia marginata*
과명:	대극과 (Euphorbiaceae)
영명:	Snow-on-the-mountain, Ghostweed
원산지:	북아메리카
개화기:	여름
원예분류:	춘파일년초
크기:	60~80cm
종자뿌리기:	5월
(발아온도)	20~25℃
옮겨심기:	6월
(생육적온)	18~27℃

　북아메리카 원산의 다년성 다육식물이나 관목
이지만, 추위에 약하기 때문에 일년초로 취급된다. 잎은 보통 회녹색이지만 줄기 끝에 작은 꽃이 피는 7~9월에 윗부분에 있는 잎의 가장자리에 흰색 무늬가 들어간다. 여름철 화단에 군집으로 심으면 아름답다. 플라워박스에 심어도 다른 꽃과 잘 어울린다.

✳ 기르기 포인트

옮겨심기를 싫어하기 때문에 화단에 직접 뿌려 솎아 내면서 기르거나, 비닐포트에 심어서 기른 다음 30~40cm 간격으로 정식한다.

꽃기린

날카로운 가시 위에 피는 귀여운 붉은 포엽

▶ Euphorbia: 마레우타니아 왕의 의사인 Euhporbus의 이름에서 유래된 것으로 추정.
▶ milii: 인명 M.Millius
▶ splendens: 화려한

학명:	*Euphorbia milii* var. *splendens*
과명:	대극과 (Euphorbiaceae)
영명:	Crown-of-thorns, Christ thorn
원산지:	마다가스카르
개화기:	연중

높이가 1~2m 정도의 관목으로, 줄기는 여러 개의 날카로운 가시를 가지고 있으며 분기해서 퍼진다. 잎은 길이 3~5cm 정도이며, 꽃 같아 보이는 것은 꽃이 아니라 포엽이다. 마른 것 같아 보이는 가지도 다육질로 유액을 함유하고 있다.

❋ 기르기 포인트

튼튼하여 기르기 쉽지만, 선인장보다 여름에는 시원하게 겨울에는 따뜻하게 해줄 필요가 있다. 특히 겨울철에 실내의 따뜻한 곳에 두고 햇빛을 잘 받게 관리하면 모양이 좋게 생장한다.

포인세티아

☀ ◌ ❄

겨울철 장식에 어울리는 가위로 자른 듯 반듯한 붉은색 포엽

▶ Euphorbia: 마레우타니아 왕의 의사인 Euhporbus의 이름에서 유래된 것으로 추정.
▶ pulcherrima: 귀여운

학명:	*Euphorbia pulcherrima*
과명:	대극과
	(Euphorbiaceae)
영명:	Poinsettia,
	Christmas flower
원산지:	멕시코
개화기:	겨울
원예분류:	관엽식물

　겨울에 꽃이 피는 상록성 관목으로, 가지 선단에 있는 꽃둘레의 붉은 포엽을 감상하는 분화식물 또는 관엽식물이다. 줄기는 녹색으로 자라면서 목질화된다. 부드러운 잎은 어긋나고 가장자리는 거치가 없거나 크게 몇 개만이 있어서 가위로 자른 듯 반듯한 모양이다. 낮이 짧아짐에 따라 마디가 짧아지면서 줄기 끝에서 올라오는 잎(포엽)들이 붉게 물들고 그 가운데에 꽃잎은 없고 작은 노란색의 특이한 꽃이 핀다.

❋ 기르기 포인트

햇빛이 충분한 곳에서 기르는 것이 좋으므로 5~9월에는 가능한 실외에 둔다. 햇빛이 부족하면 포엽의 색이 바랜다. 물을 좋아하므로 5~9월에는 토양이 건조해지면 충분히 준다. 겨울철에는 8℃ 이상을 유지하면서 충분히 건조해졌을 때에 따뜻한 날 물을 준다. 아름다운 포엽을 보기 위해서는 액체비료를 월 1~2회 주어야 한다.

적당한 크기로 아담하게 기르기 위해서는 꾸준히 1년에 한두 번 순지르기를 해야 한다. 잎이나 줄기를 자르면 하얀 유액이 나오므로 가능한 손에 닿지 않도록 주의한다. 매년 5월경에 분갈이를 해 준다. 물이 부족하면 밑의 잎이 누렇게 되면서 떨어진다.

▲ *Euphorbia pulcherrima* cv. Christmas Rose

추운 겨울철이나 순지르기하여 잎이 없는 상태에서 너무 과습하면 줄기나 뿌리가 썩는 경우가 있다. 통풍이 안될 때에는 줄기나 잎자루에 깍지벌레가 발생한다. 7~8월에 절단면에서 나오는 유액을 물로 씻고 줄기꽂이하여 쉽게 번식시킬 수 있다.

엑사쿰

잎을 덮을 것 같은 작은 꽃

▶ Exacum: 밖으로 나가다
▶ affine: 닮은

학명:	*Exacum affine*
과명:	용담과
	(Gentianaceae)
영명:	German violet,
	Persian violet
개화기:	여름
원예분류:	춘파일년초
크기:	15~20cm
종자뿌리기:	5월
(발아온도)	20~25℃
옮겨심기:	7월
(생육적온)	20~25℃

　잎을 덮을 것 같은 자색이나 흰색의 작은 꽃이 피는 일년초이다. 추위에 약하기 때문에 일반적으로 분화재배를 한다. 크기는 15~20cm로 수북하게 피는 귀여운 꽃이 볼만하다.

▼ *E. affine* cv. Excite Gold

✳ 기르기 포인트

　햇빛을 좋아하지만 너무 강한 햇빛에 닿으면 잎이나 꽃이 상한다. 한여름에는 반그늘의 통풍이 좋은 곳에 두고, 그 외에는 햇빛이 좋은 곳에 둔다. 물빠짐이 좋은 사질 토양이 적당하다. 종자가 발아하기 위해서는 25℃ 이상의 보온이 필요하고, 10~14일 정도가 걸린다. 초기 생장이 상당히 느리다. 봄에 씨를 뿌리는 것이 기본이지만, 가을에 뿌려서 보온을 하면 겨울에도 꽃이 핀다.

후크시아

네 갈래로 갈라진 붉은 꽃받침 안에 꽃잎과 수술이 삐죽 나온 특이한 꽃

▶ Fuchsia: 독일의 의사이자 식물학자 Leonhart Fuchs(1501~1566)
▶ hybrida: 교잡종

학명:	*Fuchsia × hybrida*
과명:	바늘꽃과
	(Onagraceae)
영명:	Lady's-eardrops
원산지:	중남아메리카
개화기:	여름
원예분류:	화목

　잎 사이사이에 주렁주렁 달리는 특이한 꽃을 감상하기 위해서 기르는 소형 분화식물이다. 늘푸른 작은나무로서 타원형의 잎은 주로 마주나고, 잎자루와 주맥은 붉은색을 띠며 잎가장자리에는 엉성한 거치가 있다. 보통 두 가지 색으로 이루어진 꽃은 잎겨드랑이에서 나오며, 네 갈래로 갈라진 꽃받침 안에 꽃잎 4장과 다수의 수술과 암술이 밖으로 돌출되어 있다.

✽ **기르기 포인트**　햇빛이 부족하면 꽃달림이 나빠진다. 그러나 여름의 더위에 약해 30℃ 이상이 되면 급속하게 생장이 약해지기 때문에 신중히 관리해야 한다. 자주 환경을 바꾸는 것도 피해야 한다. 주로 봄과 가을철에 비료를 준다. 줄기가 길게 자라 모양이 엉성해지기 쉬우므로 생장기에 가지치기하여 모양을 다듬어 주어야 한다. 겨울에는 실내의 밝은 창가에 두고 5℃ 이상을 유지해 준다. 건조하면 진딧물이 발생하기 쉽고, 습할 때는 잿빛곰팡이병이나 흰가루병이 발생하기도 한다.

천인국, 가일라르디아

자줏빛이 약간 들어간 붉은색의 가장자리에 노란색 테두리가 들어간 꽃

▶ Gaillardia: 인명 Gaillard
▶ pulchella: 귀여운

학명:	*Gaillardia pulchella*
과명:	국화과(Compositae)
영명:	Blanket flower
원산지:	북아메리카
개화기:	여름
원예분류:	춘파일년초
크기:	30~50cm
종자뿌리기:	4~5월
(발아온도)	15~20℃
옮겨심기:	5~6월
(생육적온)	15~25℃

　지름이 5cm 정도로 자줏빛이 약간 들어간 붉은색의 가장자리에 노란색 테두리가 들어간 꽃이 핀다. 크기는 30~50cm 정도로 강건한 성질이어서 주로 화단에 심어 여름에서 가을까지 멋지게 장식한다.

✻ 기르기 포인트

　햇빛을 좋아한다. 비교적 내한성이 있어 추운 곳 이외에서는 그대로 월동이 가능하다. 물빠짐이 좋으면 토질은 가리지 않는다. 건조를 싫어한다. 종자는 화단에 직접 뿌려 10~30cm 간격으로 솎아주는 것이 일반적이다.
　자연적으로 떨어진 종자로도 번식하며, 포기나누기로도 번식이 가능하다.

꽃치자, 치자나무

강한 향기가 나며 흰색 꽃이 피는 꽃나무

▶ Gardenia: Dr. Alexander Garden(1730~1791)
▶ jasminoides: 자스민을 닮은 것

학명:	*Gardenia jasmonoides*
과명:	꼭두서니과 (Rubiaceae)
영명:	Common gardenia, Cape jasmine
원산지:	중국
개화기:	여름
원예분류:	화목

상록성 관목으로 잎은 마주나며, 잎자루는 짧고 긴 타원형으로 표면에 광택이 난다. 꽃은 백색이며 향기가 매우 강하다. 열매는 3.5cm 정도이며 약재로도 쓰인다. 중부지방에서는 향기있는 꽃을 관상하는 분화식물로, 남부지방에서는 화목류로 이용된다.

✻ 기르기 포인트

반그늘의 부식질 많은 토양이 좋다. 직사광선은 피하고 공중습도가 높은 것이 좋다. 건조할 때 루비깍지벌레에 주의해야 한다. 꽃봉오리가 많은 화분을 구입했을 때에는 충분히 비료를 주어야 정상적으로 꽃이 핀다. 꺾꽂이로 번식한다.

▼ 홑꽃 치자나무

가자니아

태양을 연상시키는 특이한 꽃 모양과 꽃색

▶ Gazania: 인명 Gaza(1398~1478)에서 유래

학명:	*Gazania* spp.
과명:	국화과(Compositae)
영명:	Treasure flower
원산지:	남아프리카
개화기:	봄
원예분류:	일년초, 다년초
크기:	20~30cm
종자뿌리기:	3~4월, 10월
(발아온도)	15~18℃
옮겨심기:	4~5월, 10월
(생육적온)	10~25℃

지름 6~8cm 정도의 선명한 꽃으로, 꽃잎의 밑부분에 복잡한 모양이 들어가며 갈색, 녹색, 흰색 등 꽃잎의 색과 대비가 확실한 것이 특징이다. 꽃은 아침에 벌어지고, 저녁이나 비 오는 날, 흐린 날은 오므리는 성질을 갖고 있으므로 햇빛이 좋은 화단이나 실외의 플라워박스에서 재배하는 것이 적당하다. 뿌리 부근에서 나오는 잎은 가늘고 길며, 표면은 회녹색, 뒷면은 흰색으로 꽃색과의 대조가 선명하다.

✻ 기르기 포인트

튼튼하여 기르기 쉽지만 다습에 약하기 때문에 물빠짐이 좋은 용토를 선택하고 물주기에 주의한다. 고온다습에 약하기 때문에 여름에는 통풍이 좋고 석양빛이 닿지 않는 곳에 두는 것이 좋다. 흙이 너무 건조하면 잎이 옆으로 늘어지므로 이때 즉시 물을 준다. 밝은 반그늘에서도 자라지만 꽃이 피어 있는 중에는 직사광선을 받게 한다. 꽃이 오랫동안 계속해서 피기 때문에 비료가 부족하지 않도록 한다. 꽃이 진 것을 따주면 계속해서 꽃이 달린다. 반내한성이므로 겨울에는 실내에서 관리한다.

캐롤라이나자스민

자스민 향기와 노란 깔대기 모양의 꽃이 피는 덩굴성식물

▶ Gelsemium: 자스민의 이탈리아명인 gelsomino가 라틴어화 된 것.
▶ sempervirens: 상록성의

학명:	*Gelsemium sempervirens*
과명:	마전과(Loganiaceae)
영명:	Evening trumpet flower
원산지:	북아메리카, 멕시코, 과테말라
개화기:	겨울
원예분류:	화목

덩굴성 식물로 자스민 향기가 나는 노란색 깔대기 모양의 꽃이 핀다. 캐롤라이나자스민은 자생지 중의 하나인 "미국 캐롤라이나주의 자스민"이란 의미로 이 식물을 지칭한다. 속명은 이탈리아어로 자스민을 의미한다.

✽ 기르기 포인트

강건하여 기르기 쉬운 식물이다. 햇빛을 좋아하므로 통풍이 좋고 햇빛이 잘 드는 곳에 둔다. 용토가 과습하면 생육에 좋지 않다. 빛이 좋은 실내에서 기르면 11월경 꽃이 핀다.

용담

가을 햇빛에 빛나는 보라색의 통상화

▶ Gentiana: 기원전 500년 이리리아(Illyria)의 왕 Gentius에서 유래. 뿌리에서 약효를 발견.

학명:	*Gentiana* spp.
과명:	용담과
	(Gentianaceae)
영명:	Gentian
원산지:	아프리카를 제외한
	아한대부터 열대
개화기:	가을
원예분류:	다년초
크기:	15~100cm
옮겨심기:	11월, 3월
(생육적온)	12~25℃

　산야의 초원에 자생하며, 가을이 되면 줄기 끝이나 위쪽의 잎겨드랑이에서 청자색의 통 모양 꽃이 피며 계절을 알린다. 뿌리는 담즙과 같이 아주 쓴맛이 나며, 한방에서는 위의 병을 치료하는 약으로 이용된다. 학명도 기원전 500년경 뿌리에서 이 약효를 발견한 이리리아(Illyria)의 Gentius왕에서 유래되었다.

✽ 기르기 포인트

　햇빛을 좋아하고, 생장기에는 적어도 반나절 이상은 햇빛을 받아야 한다. 다만 여름의 강한 햇빛에 꽃이 상하기 때문에 반그늘에서 관리한다. 습한 것을 좋아하지만 꽃색이 변하거나 부패하는 것을 막기 위해서 꽃에는 비나 물이 닿지 않도록 한다. 겨울에는 흙이 얼지 않도록 한다.

거베라

화려하고 선명한 꽃색의 국화과식물

▶ Gerbera: 독일의 학자 Traugott Gerber에서 유래

학명:	*Gerbera jamesonii*
과명:	국화과(Compositae)
영명:	Trasvaal daisy, Barberton daisy
원산지:	남아프리카
개화기:	봄
원예분류:	다년초
크기:	15~80cm
옮겨심기:	3~4월
(생육적온)	15~25℃

절화로서 특히 인기가 높은 거베라는 약 100년 전에 남아프리카에서 발견되었다. 그후 유럽에서 개량되어 현재의 화려한 원예품종이 탄생되었다. 최근에는 분화용으로도 이용하고 있다.

✳ 기르기 포인트

햇빛이 잘 들고 물빠짐이 좋은 비옥한 토양이 적합하다. 햇빛이 부족하면 웃자라고 잎만 무성하게 되며, 꽃달림이 나쁘게 된다. 건조에는 비교적 강하지만 흙이 과습한 것을 싫어하기 때문에 물주기에 주의한다. 뿌리가 빽빽해지기 때문에 1년에 한번 정도 분갈이를 해 준다.

고데치아

달맞이꽃을 연상시키는 모양에 화려한 색이 특징

▶ Godetia: Charles H. Godet(1797~1879), 스위스 식물학자

학명:	*Godetia* spp.
과명:	바늘꽃과 (Onagraceae)
영명:	Farewell-to-spring, Godetia
원산지:	남북아메리카 서부
개화기:	초여름
원예분류:	추파일년초
크기:	30~80cm
종자뿌리기:	10월
(발아온도)	15~20℃
옮겨심기:	4월
(생육적온)	15~20℃

남북아메리카에 20종이 자생하고 있으나 현재 이용되고 있는 것은 대부분 교배 육종된 것으로, 높이가 약 30cm 정도인 화분 또는 화단용 품종과 약 80cm 정도 높이의 줄기 끝에 꽃이 달리는 절화용 품종이 있다. 또한 꽃잎이 4장인 홑꽃과 겹꽃의 종류가 있다. 꽃색은 선명하고 광택이 있으며, 물올림이 좋아 꽃꽂이용으로도 이용되고 있다. 초여름에 꽃이 피는 것으로부터 "Farewell-to-spring"(봄이여 안녕!)이란 영명이 붙었다고 한다. 현재 이 속은 *Clarkia*속에 포함되어 있다.

✻ 기르기 포인트

튼튼하여 기르기 쉽다. 햇빛이 잘 들고 물 빠짐이 좋은 부식질이 풍부한 사질토양이 적당하다. 비료는 적은 것이 좋고, 비료가 많으면 웃자라기 쉽다. 곧은 뿌리여서 옮겨 심기를 싫어한다. 연작은 피하는 것이 좋다.

천일홍

☀ ◊

공 모양의 단단하고 바삭바삭한 꽃이 드라이플라워로 최적

▶ Gomphrena: 아마란스(amaranth)의 한 종류에 대한 라틴명
▶ globosa: 둥근

학명:	*Gomphrena globosa*
과명:	비름과
	(Amaranthaceae)
영명:	Globe amaranth
원산지:	남아시아,
	열대아메리카
개화기:	가을
원예분류:	춘파일년초
크기:	30~60cm
종자뿌리기:	5월
(발아온도)	20~25℃
옮겨심기:	6월
(생육적온)	15~25℃

남아시아와 열대아메리카에 분포하는 일년초이다. 꽃이 오래 피기 때문에 꽃이 적은 여름철 화단에 중요한 역할을 한다. 화분에 심거나 절화로 이용된다.

공 모양의 꽃은 단단하고 바삭바삭하며, 통풍이 좋은 곳에 매달아 드라이플라워를 만들면 오랫동안 꽃색이 변하지 않는다. 꽃으로 보이는 것은 포(苞)이며, 진짜 꽃은 포 사이에 있어 눈에 잘 띄지 않는다.

✳ 기르기 포인트

햇빛이 잘 들고 물빠짐이 좋으면 그다지 토질은 가리지 않지만, 가능하면 부식질이 풍부한 토양이 적당하다. 비료는 삼가하는 것이 좋고, 특히 질소성분이 많으면 꽃달림이 나쁘게 된다.

해바라기

태양과 푸른 하늘에 어울리며 해를 따라다니는 꽃

▶ Helianthus: 그리스어 helios(태양) + anthos(꽃), 태양의 꽃
▶ annuus: 일년생의

학명:	*Helianthus annuus*
과명:	국화과(Compositae)
영명:	Common sunflower
원산지:	북아메리카
개화기:	여름
원예분류:	춘파일년초
크기:	30~300cm
종자뿌리기:	5~6월
(발아온도)	20~25℃
옮겨심기:	5~6월
(생육적온)	15~25℃

한여름의 푸른 하늘에 어울리는 황금색의 큰 꽃은 여름 정원에 기세가 왕성한 느낌을 전해준다. 꽃꽂이용으로도 이용되며, 소형종은 화단에 모아 심거나 화분이나 플라워박스에서 길러도 좋다. 영명의 Sunflower, 학명의 *Helianthus* 모두 "태양의 꽃"이란 뜻을 나타낸다.

✳ 기르기 포인트

햇빛이 잘 들고 물빠짐이 좋은 곳에 비옥한 토양을 선택하면 기르기 쉽다. 건조에는 비교적 강하지만 그렇다고 너무 건조시키면 안된다. 특히 여름의 고온기에는 물이 마르지 않도록 주의한다. 비료를 좋아하기 때문에 밑거름 이외에 월 3~4회 액체비료를 주는 것이 좋다.

밀짚꽃, 헬리크리섬

말린 밀짚으로 만든 듯 바삭바삭한 꽃

▶ Helichrysum: 그리스어 helios(the sun) + chrysos(golden)
▶ bracteatum: 포엽을 가진

학명:	*Helichrysum bracteatum*
과명:	국화과(Compositae)
영명:	Everlasting, Immortelle
원산지:	오스트레일리아
개화기:	여름
원예분류:	일년초
크기:	40~90cm
종자뿌리기:	4월, 9월
(발아온도)	15~20℃
옮겨심기:	6월, 11월
(생육적온)	15~25℃

오스트레일리아 원산의 다년초이지만 일년초로 취급되고 있다. 규산을 함유하고 있어서 딱딱하고 윤기가 나는 꽃잎은 수분이 적어 바삭바삭한 상태로 말린 밀짚으로 만든 것 같은 느낌을 준다. 화단이나 화분, 꽃꽂이용으로 이용되며, 드라이플라워로도 자주 사용된다.

✽ 기르기 포인트

햇빛이 잘 들고 물빠짐이 좋은 곳의 비옥한 토양이면 기르기 쉽다. 건조에는 비교적 강하지만 너무 건조시키면 안된다. 특히 여름의 고온기에는 주의해야 한다. 비료를 좋아하기 때문에 밑거름 이외에 한달에 3~4번 정도 액체비료를 준다.

헬리오트롭

바닐라 향기가 나는 보라색 꽃

▶ Heliotropium: 그리스어 helios(the sun) + trope(a turning), 옛날에는 꽃이 태양을 따라 돈다고 잘못 알고 있었다.
▶ arborescens: 나무와 같은 형태로 자라는

학명:	*Heliotropium arborescens*
과명:	지치과(Boragiaceae)
영명:	Heliotrope, cherry-pie
원산지:	페루
개화기:	초여름
원예분류:	일년초, 소관목
크기:	30~60cm
종자뿌리기:	4월
(발아온도)	15~20℃
옮겨심기:	5~6월
(생육적온)	15~25℃

페루 원산으로 짙은 자색에 향기 좋은 작은 꽃이 취산화서로 달린다. 강한 향기는 아니지만, 흔히 바닐라향이라고 불리는 은은한 향기로 향수나 포프리에 이용되고 있어 허브식물로도 인기가 높다. 속명은 그리스어로 "태양"과 "회전"을 의미하는 단어의 합성어이며, 옛날에는 꽃이 태양이 움직이는 대로 회전한다고 믿었던 것에서 유래되었다.

✱ 기르기 포인트

더위와 추위에 그다지 강하지 않다. 봄에 화분을 구입하여 햇빛이 잘 드는 창가나 실외에 둔다. 물을 좋아하고 흙이 건조하게 되면 바로 시들어 버린다. 생장기에는 물이 부족하지 않도록 주의한다. 겨울에는 실내의 창가에 두고 5℃ 이상으로 관리하고, 저온에서는 물주기를 삼가하면서 월동시킨다. 하나의 꽃송이를 끝까지 피워 두면 다음 꽃이 조그맣게 되기 때문에 적당한 때에 줄기 밑부분에서 잘라준다.

원추리

하루만 꽃이 피고마는 예쁜 꽃

▶ Hemerocallis: 그리스어 hemera(day) + kallos(beauty),
꽃의 수명이 하루인 것에서 유래

학명:	*Hemerocallis* spp.
과명:	백합과(Liliaceae)
영명:	Day lily
원산지:	아시아동부의 온대지
개화기:	여름
원예분류:	알뿌리식물

우리나라를 포함한 동아시아에 분포하고 있는 다년초로 각시원추리(*H. dumortieri*) 등이 자생하고 있다. 그러나 원예적으로 이용되는 것은 유럽에서 만들어진 것이 대부분이다. 속명은 그리스어 "1일"과 "아름다움"의 합성어로, 개개의 꽃 수명이 하루 정도인 것에서 유래되었다. 영명인 Day lily 또한 꽃 수명이 하루인 것과 백합과식물인 것으로부터 지어졌다.

✽ 기르기 포인트

햇빛을 좋아하고, 반나절 이상 햇빛이 비치는 곳이라면 문제 없다. 더위와 추위에 비교적 강하고 토질은 가리지 않지만 한여름에는 반그늘에서 기르는 것이 좋다. 용토의 과습이나 건조에 비교적 강하다.

▼ 각시원추리

하와이무궁화

강렬한 붉은색의 무궁화 꽃

▶ Hibiscus: 아욱의 그리스명
▶ rosa-sinensis: 중국의 장미

학명:	*Hibiscus rosa-sinensis*
과명:	아욱과(Malvaceae)
영명:	Hawaiian hibiscus, Chinese hibiscus
원산지:	중국
개화기:	여름
원예분류:	화목
크기:	250cm

　무궁화에서 볼 수 없는 강렬한 붉은 색의 꽃이 매력적인 하와이무궁화는 높이 5m까지 자라는 꽃나무이지만, 우리나라에서는 분화식물로 이용된다. 잎에 광택이 있고 잎가장자리에 거치가 있다. 꽃색은 빨강, 핑크, 노랑, 오렌지, 흰색 등 다양하고 아름답다.

❋ 기르기 포인트

　햇빛을 좋아한다. 25℃ 이상의 높은 온도에서 충분하게 강한 햇빛을 받으면 꽃이 잘 핀다. 온실에서 조건을 만족시켜 주면 일년내내 꽃이 피는 것도 가능하다. 반대로, 햇빛이 부족하면 봉오리가 떨어지고 이후 꽃도 잘 피지 않는다. 꽃 피는 기간이 길기 때문에 비료가 부족하지 않도록 주의한다. 흙이 과습하면 안 된다. 매년 분갈이를 해주지 않으면 뿌리가 가득차게 된다.

▼ 무궁화(*H. syriacus*)

▼ 부용(*H. mutabilis*)

▼ 미국부용(*H. moscheutos*)

▼ *H. schizopetalus*

아마릴리스

☀ ◇ ❄

한 꽃대의 끝에 사방으로 나팔 모양의 큰 꽃이 달리는

▶ Hippeastrum: "기사" + "별"의 합성어

학명 :	*Hippeastrum hybridum*
과명 :	수선화과
	(Amaryllidaceae)
영명 :	Amaryllis
원산지 :	남아메리카
개화기 :	초여름
원예분류 :	춘식구근
크기 :	60~90cm
옮겨심기 :	4월
(생육적온)	15~20℃

아마릴리스는 "동서남북꽃"이라고 불리는데, 꽃대의 끝에 사방으로 나팔 모양의 큰 꽃이 달리기 때문이다. 상록성 알뿌리식물로 꽃대의 가운데가 비어 있으며 이것을 꽃꽂이용으로 물에 꽂아 두면 밑부분이 뒤집혀 말리는 재미있는 현상이 일어난다. 속명은 "기사"와 "별"의 합성어로, 잎의 모양을 칼로, 정면으로 향하는 꽃의 모양을 별로 비유하였다고 한다.

✽ 기르기 포인트

▼ 아마릴리스의 알뿌리

뿌리의 힘이 좋기 때문에 무거운 흙이 좋고, 물빠짐이 잘 되는 곳에 심는다. 비료와 햇빛을 좋아하므로, 봄과 가을에는 직사광선이 닿도록 하고, 묽은 비료를 지속적으로 주도록 한다. 햇빛을 좋아하지만 한여름에는 반그늘 정도가 좋다. 꽃이 진 다음의 관리가 중요한데 종자를 채취하지 않을 경우는 꽃대를 남기고 꽃을 따며 비바람에 잎이 상하지 않도록 주의한다. 늦가을이 되면 물을 주지 말고 얼지 않을 정도의 저온인 곳에서 겨울을 보낸 후 봄이 되면 분갈이를 해 준다.

호스타

싱그러운 잎으로 여름철 화단을 뒤덮는

▶ Hosta: Nicholaus Tomas Host(1761~1834)

학명 :	*Hosta* spp.
과명 :	백합과(Liliaceae)
영명 :	Plantain lily
원산지 :	동아시아
개화기 :	여름
원예분류 :	다년초
크기 :	30~100cm
옮겨심기 :	3월, 10~11월
(생육적온)	15~20℃

　동아시아에 20여 종이 자생하는데 우리나라에서는 비비추와 옥잠화를 많이 기른다. 양지와 반그늘 어느 곳이든 잘 자라며 기르기 쉬운 다년초로 화단의 가장자리나 진입로를 유도하는 데 이용하면 좋다. 흰색과 담자색의 꽃도 아름답지만, 주로 잎을 관상하기 위한 목적으로 많이 사용되며, 반엽이 들어간 품종도 만들어졌다.

▼ 비비추(*H. logipes*)

✸ 기르기 포인트

　우리나라 산야의 풀밭이나 산지의 물가에 자라는 것에서 보듯이 튼튼하여 기르기 쉬운 다년초이다. 반그늘을 좋아하지만 햇빛이 좋은 곳에서도 잘 자라므로 물빠짐만 좋으면 토질은 가리지 않는다. 항상 적당한 습기가 있는 것을 좋아하기 때문에 정원에 심을 경우, 건조하기 쉬운 곳에서는 생육 중 2~3일에 한번 저녁에 물을 준다.

▼ 옥잠화(*H. plantaginea*)

약모밀

컬러풀한 잎색이 매력적인 다년초

▶ Houttuynia: Martin Houttuyn(1720~1794)
▶ cordata: 심장형의

학명:	*Houttuynia cordata*
과명:	삼백초과
	(Saururaceae)
원산지:	동아시아
개화기:	여름
원예분류:	다년초
크기:	15~30cm
옮겨심기:	3~4월
(생육적온)	15~25℃

　우리나라를 비롯한 동아시아에 넓게 분포하는 약모밀은 예로부터 중요한 민간 약으로 이용되어 왔다. 여름에 피는 4장의 흰색 포가 눈길을 끌며, 잎이 화려한 품종도 있다. 지하줄기가 사방으로 뻗어 모여나고, 플라워박스나 정원에 심으면 좋다. 잎의 색이 빨강, 노랑, 흰색, 녹색 등으로 반엽이 들어가는 "Chameleon" 품종도 있다.

▼ *H. cordata* cv. Chameleon

✳ 기르기 포인트

　반그늘의 습기가 있는 땅이 적당하다. 양지에 심을 때는 여름의 강한 햇빛을 피해야 한다. 땅에 심을 때는 처음부터 부엽토 등을 미리 넣고, 화분에 심을 때도 부식질이 풍부한 용토에 심어 물이 부족하지 않도록 주의한다. 비료는 밑거름이면 충분하고, 땅에 심었을 때는 수년에 한 번 정도, 화분의 경우는 매년 초봄에 포기나누기를 한다.

히야신스

잎 사이에서 조심스럽게 은은한 향기를 내뿜는 송이 모양의 꽃

▶ Hyacinthus: 히야신스의 그리스명

학명: *Hyacinthus* spp.
과명: 백합과(Liliaceae)
영명: Common hyacinth
원산지: 지중해연안,
　　　　북아프리카
개화기: 봄
원예분류: 추식구근
크기: 20 cm
구근심기: 10월
(생육적온) 15~23℃

　이른 봄에 그윽하고 은은한 향기를 내뿜는 히야신스는 그리스신화에도 등장한다. 유난히 히야킨토스를 사랑한 아폴론과 날씬한 체구에 민첩한 운동신경을 가지고 있는 히야킨토스는 어느날 원반던지기 놀이를 하고 있었다. 이를 본 바람의 신 제피로스가 두 사람을 시기한 나머지 바람의 방향을 바꾸어 원반을 히야킨토스의 이마에 맞게 하고, 히야킨토스를 그 자리에서 죽게 만들었다. 이때 흐른 피에서 슬픈 사랑을 간직한 자색의 아름다운 꽃이 피었다고 한다.

✽ 기르기 포인트

　햇빛을 좋아하므로 가능하면 햇빛이 잘 드는 실외에서 기른다. 실내에서 꽃을 즐길 경우에도 겨울에는 바깥에 두어 충분히 추위를 겪도록 하지 않으면 꽃이 피지 않는다. 꽃이 지면 알뿌리를 비대시키기 위해서 꽃대를 손으로 비틀어서 따준다.

▼ 히야신스의 알뿌리

수 국

토양산도에 따라 색이 변하는 화려하고 큰 꽃

▶ Hydrangea: 그리스어 hydro(water) + angos(a jar),
열매의 형태가 물항아리처럼 생겼다.

학명:	*Hydrangea* spp.
과명:	범의귀과
	(Saxifragaceae)
영명:	Hydrangea
원산지:	남북아메리카, 아시아
개화기:	초여름
원예분류:	화목
크기:	100cm

◀ 산수국(*H. serrata* for. *acuminata*)

　관상용으로 널리 재배하고 있는 낙엽관목으로 높이가 1m 정도까지 자라며 겨울동안 윗부분은 없어지고 지하부만 살아남는다. 우리나라에서 자생하는 산수국(*H. serrata* for. *acuminata*)은 중부지방의 실외에서도 키울 수 있고, 남부지방에서는 원예종 수국도 실외에서 기를 수 있다. 속명은 "물"과 "항아리"의 합성어로 열매의 모양이 컵처럼 생긴 것에서 유래되었다.

✻ 기르기 포인트

5월에 뿌리에서 가지가 올라와 초여름부터 꽃이 핀다. 5월부터 10월까지는 햇빛이 좋은 실외에 두고 기르는 것이 좋다. 11월 실내에 들여놓기 전 가지의 밑을 바짝 자르고 0℃ 전후의 실내에 두고 겨울을 보낸다. 증산작용이 활발하여 물이 없어지면 바로 시들고 꽃이 상해 버리므로 항상 토양에 물을 충분히 준다. 전정시기가 늦어지면 다음해에 꽃이 피지 않는 경우도 있다. 품종에 따라 오랫동안 0℃ 이하에 두면 꽃눈이 죽지만, 5℃ 이하의 저온에서 2개월 정도 두는 것이 꽃눈이 충실해지는 데 좋다.

▶ 수국의 여러 품종

봉선화

손톱에 물들이면 예쁜 꽃임

▶ Impatiens: 참을성 없는, 성숙된 열매에 손을 대면 종자가 튀어나오는 성질에서 유래.

학명:	*Impatiens balsamina*
과명:	봉선화과
	(Balsaminaceae)
영명:	Garden balsam,
	Rose balsam
원산지:	동남아시아
개화기:	여름
원예분류:	춘파일년초
크기:	20~60cm
종자뿌리기:	4~5월
(발아온도)	15~20℃
옮겨심기:	5~6월
(생육적온)	20~25℃

옛날부터 꽃잎으로 손톱을 빨갛게 물들이던 봉선화. 학명의 *Impatiens*는 라틴어로 "참을성 없는"을 의미하는데, 성숙된 열매에 손을 대면 종자가 튀어나오는 성질로 인해 유래되었다.

✽ 기르기 포인트

물빠짐과 통풍이 잘 되는 장소를 좋아한다. 빽빽하게 심거나 지나친 건조를 피해야 한다. 고온다습한 환경과 햇빛을 좋아하지만, 반그늘에서도 자라며, 그럴 경우 키가 커진다. 그러나 심한 그늘에서는 꽃이 피지 않는다. 비료를 너무 많이 주면 생장이 나쁘게 되는 경우도 있다.

임파치엔스, 아프리칸봉선화

그늘이 드리워진 정원에 화려한 색을 수놓는

▶ Impatiens: 참을성 없는, 성숙된 열매에 손을 대면 종자가 튀어나오는 성질에서 유래

학명:	*Impatiens walleriana*
과명:	봉선화과
	(Balsaminaceae)
영명:	Zanzibar balsam,
	busy lizzy, patience
	plant, sultana
원산지:	아프리카
개화기:	여름
원예분류:	춘파일년초, 다년초
크기:	30~40cm
종자뿌리기:	3~5월
(발아온도)	20~25℃
옮겨심기:	5~7월
(생육적온)	15~25℃

　열대아프리카 원산의 다년초이지만 우리나라에서는 일년초로 취급되고 있다. 대부분의 꽃을 감상하는 초화는 충분한 햇빛이 필요하지만, 이 종은 하루에 2~3시간 정도의 햇빛으로도 꽃이 잘 피고, 거의 햇빛이 들지 않는 곳에서도 꽃달림은 나쁘지만 그래도 계속해서 꽃이 핀다. 꽃 피는 기간이 길기 때문에 화단이나 분화로 많이 이용되고 있다.

✱ 기르기 포인트

　호광성 종자이므로 종자를 뿌리고 흙을 덮지 않는다. 산성의 토양과 반그늘을 좋아한다. 여름에는 통풍이 잘 되는 곳을 고른다. 10℃ 정도에서 월동이 가능하지만, 서리가 내리지 않는 시기에 정원에 옮겨 심는다. 비료는 적은 것이 좋고, 특히 질소성분이 많으면 꽃달림이 적게 되고 병에 걸리기 쉽다.

　꺾꽂이로 쉽게 번식시킬 수 있다.

뉴기니아봉선화

크고 많은 꽃이 피어 실내에서 가꾸면 좋은 봉선화

▶ Impatiens: 참을성 없는, 성숙된 열매에 손을 대면 종자가 튀어나오는 성질에서 유래

학명:	*Impatiens* New Guinea Hybrids
과명:	봉선화과 (Balsaminaceae)
영명:	New Guinea Impatiens
원산지:	뉴기니아
개화기:	여름
원예분류:	다년초
크기:	20~40cm
옮겨심기:	6~7월, 10월
(생육적온)	15~25℃

　2차 세계대전 이후 뉴기니아에서 발견된 종을 토대로 육성된 것으로 종래의 임파치엔스에 비해 키가 크고 꽃지름이 7cm를 넘으며 많은 꽃이 달린다. 또한, 잎에 노란색과 붉은색의 무늬가 있는 품종처럼 관상가치가 높은 잎을 가진 것이 특징이다. 더욱이 음지에서도 잘 자라서 온도만 맞으면 연중 계속해서 꽃이 피기 때문에 실내에서 기르기에 적당하다.

✽ 기르기 포인트

　기본적으로 아프리칸봉선화와 같지만 생육적온이 15~25℃, 월동온도가 10℃이다. 여름은 통풍이 좋은 곳을 고른다. 비료는 적은 것이 좋고, 특히 질소성분이 많으면 꽃달림이 적고 병에도 잘 걸린다. 산성의 토양과 반그늘을 좋아한다. 꺾꽂이로 쉽게 번식시킬 수 있다.

꽃창포

잎은 창포, 꽃은 붓꽃

▶ Iris: 그리스신화에 나오는 무지개의 여신
▶ ensata: 칼 모양의

학명:	*Iris ensata*
과명:	붓꽃과(Iridaceae)
영명:	Sword-leaved iris
원산지:	한국, 중국, 일본
개화기:	봄
원예분류:	다년초
크기:	80~120cm
옮겨심기:	6월
(생육적온)	15~25℃

　우리나라의 산야에서 자라는 다년초로 근래에 이용되는 것은 원예종으로 개량된 것이다. 원래는 습지에서 자라는 식물이지만, 정원이나 화분에서도 잘 자란다. 창포정원 같은 곳에서는 연못의 가운데에서 기르기도 하지만, 그것은 연출하기 위한 것이다. 꽃이 아름답고 잎의 모양이 창포를 닮아 꽃창포라고 한다. 단오에 사용되는 창포(*Acorus calamus* var. *asiaticus*)는 천남성과 식물로서 완전히 다른 식물이다.

✻ 기르기 포인트

▼ 노랑꽃창포(*Iris pseudacorus*)

　포기나누기나 옮겨심기는 꽃이 진 다음 바로하는 것이 좋다. 심는 장소는 햇빛이 잘 드는 곳이 좋다. 화분에서 기를 때는 반드시 매년 꽃이 피었던 지하줄기의 옆에 발생한 새로운 눈을 포기나누기하여 심는다. 여름철에 덥고 건조하면 화분을 얕은 물에 담가 기르는 것도 좋다.

▼ 꽃창포의 여러 품종

☀ ◇ ❆❆❆ < pH

독일붓꽃

크고 다양한 색을 가진 향기나는 붓꽃

▶ Iris: 그리스신화에 나오는 무지개의 여신
▶ germanica: 독일에서 개량된

학명:	*Iris × germanica*
과명:	붓꽃과(Iridaceae)
영명:	Flag, Fleur-de-lis German iris
원산지:	유럽
개화기:	초여름
원예분류:	다년초
크기:	60~100cm
옮겨심기:	6월
(생육적온)	15~20℃

  *I. pallida*나 *I. variegata* 등 유럽원산의 붓꽃을 교배하여 만든 원예종이다. 붓꽃류 중에서 가장 꽃색의 변이가 많고 한 꽃대에서 여러 송이의 꽃이 갈라져 나와 계속해서 핀다. 밑으로 처지는 넓은 꽃잎은 아주 화려하여 햇빛이 잘 드는 곳에 모아 심으면 매우 아름답다.

✽ 기르기 포인트

  건조하고 햇빛이 잘 드는 시원한 곳을 좋아한다. 약알칼리성의 사질 토양이 적합하므로 석회를 뿌려 둔다. 용토가 습한 것을 싫어하므로 흙표면이 마르면 물을 준다. 알뿌리가 표면에 조금 노출되도록 심는 것도 좋다. 빽빽하게 심으면 식물체가 약해지므로 빨리 포기나누기를 한다. 질소성분이 많으면 병에 걸리기 쉬우므로 비료를 줄 때 주의해야 한다.

▼ 붓꽃(*Iris sanguinea*)

이소토마

귀여운 별 모양의 꽃

▶ Isotoma: 그리스어 isos(equal), toma(a section), 화관의 단편들이 같다.
▶ axillaris: 잎겨드랑이의, 겨드랑이에서 나온

학명:	*Isotoma axillaris*
과명:	숫잔대과
	(Lobeliaceae)
원산지:	오스트레일리아
개화기:	여름
원예분류:	일·이년초, 다년초
크기:	40cm

　오스트레일리아 원산의 다년초이지만 2년째부터는 꽃달림이 나빠지기 때문에 일년초로 이용되고 있다. 시원하고 사랑스러운 꽃 모양으로 인기가 있으며, 컨테이너에 모아 심으면 푸른색의 꽃이 시선을 집중시킨다. 더위에 강하고 작은 별 모양의 꽃이 계속해서 핀다. 푸른색 꽃은 키가 작고, 핑크나 흰색 꽃은 조금 크게 자란다.

❋ **기르기 포인트**

　내한성이 약하기 때문에 겨울에 실내나 온실에 들여 놓는다. 보통 종자나 포기나누기로 번식하지만 꺾꽂이도 가능하다.

익소라

수국 같은 탐스러운 주황색의 꽃이 줄기 끝에 피는

▶ Ixora: 산스크리트의 Isvara(Siva신을 가리킴)를 포르투갈어로 번역한 것
▶ chinensis: 중국의

학명:	*Ixora chinensis*
과명:	꼭두서니과(Rubiaceae)
원산지:	중국
개화기:	여름
원예분류:	관엽식물
크기:	100cm

　중국 남부에서 말레이지아에 걸쳐 분포하는 상록성 작은 나무로 줄기의 끝이나 잎 겨드랑이에 산방화서를 이루며 꽃이 핀다. 보통 둥근 모양을 이루면서 피는 것이 특징이며 빨강, 흰색, 핑크색 등이 있다. 열대에서는 일년내내 꽃이 피기 때문에 가로수나 정원수로 많이 이용되고 있지만 실내에서는 광선이 부족하면 꽃달림이 비교적 좋지 못하므로 주의한다.

✳ 기르기 포인트

　햇빛이 잘 들고 물빠짐이 좋은 용토가 적당하다. 한 여름에는 햇빛에 잎이 타는 경우가 있으므로 반그늘에 둔다. 토양의 습도가 과도하면 뿌리가 썩는다. 겨울에는 조금 건조한 것이 좋다. 10~15℃의 장소에 40일 정도 두어야 꽃눈이 생기므로 빨리 실내에 들여 놓으면 꽃달림이 나쁘게 된다. 월동온도는 10℃ 정도이고, 1~2년에 한 번은 분갈이를 해주어야 한다.

자스민

향기 좋은 꽃의 대명사

▶ Jasminum: 페르시아명인 yasmin 또는 yasamin의 중세 후기 라틴어명

학명:	*Jasminum polyanthum*
과명:	물푸레나무과
	(Oleaceae)
영명:	Jasmine, Jessamine
원산지:	중국 남부
개화기:	봄
원예분류:	덩굴성초본

　향기 좋은 꽃의 대명사로 달콤하고 관능적인 향기는 향수의 원료로 이용된다. 불경에는 자스민의 향기가 부처의 나라에서 나는 향기라고 쓰여 있다. 인도에서는 자스민의 뿌리는 마취약으로 꽃은 세수할 때 쓰인다고 한다.

✻ 기르기 포인트

　햇빛을 좋아하고, 토양의 과습에 약하다. 특히 겨울에는 조금 건조하게 관리한다. 비교적 추위에 강하지만 1~2월 봉오리 상태에서 추위를 만나면 이른 봄에 꽃을 볼 수 없다. 전정할 때는 너무 많이 잘라 내지 않도록 오래된 가지나 잔가지를 정리하는 정도로 하고 가운데 부분을 자유롭게 기르면 꽃도 잘 핀다.

◀ 아라비아자스민(*J. sambac*)

새우풀

새우 모양의 꽃

▶ Justica: James Justice(1730~1763)의 이름에서 유래
▶ brandegeana: Townsend Stith Brandegee(1843~1925)를 기념

학명:	*Justicia brandegeana*
	(= *Beloperone guttata*)
과명:	쥐꼬리망초과
	(Acanthaceae)
영명:	Shrimp plant
원산지:	멕시코
개화기:	여름
원예분류:	화목
크기:	100cm

식물체의 기부에서 가는 녹색의 줄기가 약 1m 정도로 자란다. 잎은 마주나며, 각각 갈라져 나온 줄기는 마디가 길고 반덩굴성이다. 줄기 끝에 달린 꽃은 새우의 꼬리를 연상시키는 모양으로 적갈색의 포가 겹을 이루고, 그 사이에서 흰색의 꽃이 핀다.

✱ 기르기 포인트

햇빛을 좋아하고 추위에 약하므로 화분에 심어 온실에서 많이 기른다. 그러나 비교적 튼튼하여 약한 햇빛에도 잘 견뎌서 실내의 밝은 반그늘에서도 이용할 수 있다. 물빠짐이 잘 되는 토양을 좋아하고 건조에 강하기 때문에 흙이 많이 말랐을 때 물을 준다. 부식질이 풍부한 토양이 적합하고, 비료는 가능한 한 삼가한다.

칼랑코에

귀여운 꽃이 많이 달리는 겨울철 다육식물

▶ Kalanchoe: 다육식물의 한 종류에 대한 분명치 않은 중국명에서 유래

학명:	*Kalanchoe* spp.
과명:	돌나물과
	(Crassulaceae)
영명:	Palm-Beach-bells
원산지:	아프리카,
	마다가스카르
개화기:	겨울
원예분류:	다육식물
크기:	20~80cm
옮겨심기:	5월
(생육적온)	10~25℃

◀ *Kalanchoe blossifeldiana*

일반적으로 친숙한 종은 *Kalanchoe blossifeldiana*인데, 마다가스카르 원산으로 유럽에서 다수의 원예품종이 만들어졌다. 이전에는 연말의 대표적인 분화였지만, 지금은 거의 연중 출하되고 있다. 최근에는 야생종간의 교배로 만들어진 종 모양의 꽃이 달리는 "Wendy" 등의 품종이 인기가 높다.

✱ 기르기 포인트

튼튼하여 기르기 쉬우나 꽃을 피우기 위해서는 10℃ 이상의 온도가 필요하다. 더위에 비교적 약하므로 여름에는 통풍이 좋은 반그늘에서 관리한다. 과습을 싫어하므로 통기성과 물빠짐이 좋은 용토를 사용한다. 특히 겨울에는 물주기를 삼가하고 조금 건조하게 관리한다. 단일식물이므로 일조시간이 12시간 이하의 날이 1개월 이상 지속되면 꽃눈이 생기고, 그후 3개월 정도 지나면 꽃이 핀다. 단일처리를 하여 연말에 꽃을 피울 수도 있다. 꺾꽂이로 쉽게 번식한다.

▼ *K*. × cv.Wendy

꽃댑싸리

잎색의 변화가 다채로운

▶ Kochia: Wilhelm Daniel Josef Koch(1771~1849)
▶ scoparia: 빗자루와 같은

학명:	*Kochia scoparia*
과명:	명아주과
	(Chenopodiaceae)
영명:	Summer cypress
원산지:	유라시아, 아프리카
개화기:	여름
원예분류:	춘파일년초
크기:	50~100cm
종자뿌리기:	5월
(발아온도)	18~22℃

꽃을 보는 것보다 화단이나 화분에 심어 잎색의 변화를 감상한다. 아스파라거스와 닮은 잎이 타원형으로 자라고 봄에는 황록색, 가을에는 적갈색으로 변하여 화단을 보다 다채롭게 한다. 가을에 열리는 열매는 먹을 수 있다.

❋ **기르기 포인트**

햇빛을 좋아한다. 옮겨심기에 약하기 때문에 화단이나 화분에 종자를 직접 뿌려 솎아낸다. 생장하면 보통의 생울타리처럼 자유롭게 깎아서 손질할 수 있다. 한 번 재배하면 자연적으로 떨어진 종자로부터 발아하여 다음해부터 잡초처럼 되어버리므로 주의해야 한다.

람프란서스, 송엽국

초여름의 햇빛에 빛나는 국화 모양의 꽃

▶ Lampranthus: 그리스어 lampros(shining, glossy) + anthos(flower),
  꽃잎에 광택이 있는 것에서 유래
▶ spectabilis: 장관의, 화려한

학명:	*Lampranthus*
	spectabilis
과명:	석류풀과
	(Aizoaceae)
원산지:	남아프리카
개화기:	초여름
원예분류:	다육식물
크기:	10~20cm
옮겨심기:	5월
(생육적온)	15~25℃

　남아프리카 원산으로 튼튼하여 기르기 쉬운 다육식물이다. 건조에 강하여 돌로 만든 단 등의 사면을 덮는 지피식물로 최적이다. 염분에 대한 내성도 강하여 해안 근처에 심어도 좋다. 솔잎 모양의 가늘고 긴 다육성 잎이 빽빽하게 달리면서 땅을 기는 듯이 퍼져 나간다. 초여름경에 금속성 광택이 있는 국화꽃 모양의 꽃이 피지만 국화과 식물과는 엄연히 다른 종류이다. 꽃은 햇빛을 받으면 열리고, 밤에는 닫힌다.

❋ 기르기 포인트

　일반적으로 봄에 나오는 모종이나 화분을 구입하여 심는다. 반나절 이상 햇빛이 드는 곳과 물빠짐이 좋고 약간 건조한 곳이 적당하며, 습한 곳이나 산성의 토양을 싫어하는데 고층 아파트의 베란다 등에서도 잘 자란다. 추위에 약하므로 겨울에는 실내에서 보호해야 하며 월동을 위해 최저 온도를 2℃ 이상 유지해야 한다.

☀ ◯ ❄

란타나

무리지어 핀 알록달록한 꽃과 깻잎같은 잎

▶ Lantana: 비슷한 꽃이 피는 Viburnum속의 라틴명
▶ camara: Lantana속의 식물에 대한 남아메리카 이름

학명:	*Lantana camara*
과명:	마편초과
	(Verbenaceae)
영명:	Yellow sage
원산지:	열대아메리카
개화기:	여름
원예분류:	화목
크기:	30~100cm

　1m 정도까지 자라는 작은 나무이지만 꺾꽂이한 모종을 소형 화분에 심어 판매하는 경우가 많다. 꽃이 시들 때 노란색에서 붉은색으로 변하는 것이 독특한 느낌을 준다. 30~100cm 정도의 작은 나무로서 얇은 가지가 많이 뻗어 나와 잘 자란다. 잎은 마주나고 계란형 또는 타원형으로 가장자리에 톱니가 있어 마치 깻잎 비슷하다. 1cm 전후의 작은 꽃들이 우산살 모양으로 줄기 끝에 뭉쳐 핀다. 위에서 보았을 때 꽃봉오리가 사각형인 것이 특색이다. 보통 노란색의 꽃이 피어 오렌지색, 붉은색으로 변하면서 시드는데, 밖에서부터 꽃이 피기 때문에 가장자리의 꽃들이 붉은색이고 가운데의 꽃은 노란색인 모습을 흔히 보게 된다.

❋ 기르기 포인트

　고온과 햇빛을 좋아하고, 강건한 성질을 가지고 있다. 햇빛이 부족하면 웃자라고 꽃달림도 나쁘게 된다. 용토는 과습하지 않도록 주의한다. 월동하기 위해서는 5℃ 이상을 유지해야 한다. 낮은 농도의 액비를 한달에 한 번 정도만 준다. 꽃이 진 가지는 뿌리로부터 잎을 2장 정도만 남기고 잘라주면 모양이 흐트러지지 않고 꽃이 오랫동안 계속해서 핀다. 오랫동안 기르면 전체적인 모양이 나빠지므로 순지르기로 수형을 조절해 주어야 한다. 꺾꽂이로 쉽게 번식한다.

옥스아이데이지, 노스폴

봄에 계속해서 꽃이 피는 귀여운 국화 모양의 꽃

▶ Leucanthemum: 그리스어 leukos(흰) + anthemon(꽃), 흰 꽃
▶ paludosum: 습지를 좋아하는

학명:	*Leucanthemum paludosum* cv. North Pole
과명:	국화과(Compositae)
영명:	Oxeye daisy
원산지:	북아프리카
개화기:	봄
원예분류:	추파일년초
크기:	15~20cm
종자뿌리기:	9~10월
(발아온도)	15~20℃
옮겨심기:	3월
(생육적온)	10~20℃

북아프리카 원산의 반내한성으로 3월경에 가련한 두상화를 계속 피운다. 서리가 닿지 않는 곳이라면 이른 봄부터 봄 내내 화단에 아주 좋은 꽃으로, 최근에는 플라워박스용으로 매우 인기가 높다. "North Pole"은 품종명이지만, 옥스아이데이지의 대명사로 쓰여지고 있다.

▼ 샤스터데이지(*L.* × *superbum*)

✳ 기르기 포인트

햇빛을 좋아하고, 추위에도 비교적 강하여 실외에서 기를 수 있다. 이른 봄에 포기가 빽빽하게 되면 통풍이 좋은 곳에 둔다. 너무 건조하면 잎이 시들어 버리기 때문에 물주기에 주의한다. 비료는 필요하지만 너무 많이 주면 잎과 줄기만 무성하게 되고 꽃달림이 나빠진다.

백합, 나리

순결을 상징하는 순백색의 꽃

▶ Lilium: 그리스어 leirion(lily)

학명:	*Lilium* spp.
과명:	백합과(Liliaceae)
영명:	Lily
원산지:	온대, 북반구의 아열대~아한대
개화기:	초여름
원예분류:	추식구근
크기:	60~120cm
구근심기:	10~11월
(생육적온)	15~25℃

순결한 이미지를 떠올리게 하는 순백색의 꽃으로, 방대한 품종 수를 자랑하며 흰색 이외에도 빨강, 핑크, 오렌지, 노랑 등 다양한 색이 있다. 학명은 "흰"과 "꽃"을 의미하며, 옛날부터 흰색 백합이 대표종으로서 종교적인 면에서 많이 등장하는데, 부활절에 쓰이는 이스터릴리(Easter lily)도 그 한 예이다.

✱ 기르기 포인트

추위에는 강하지만 여름의 고온다습을 싫어한다. 햇빛이 잘 드는 곳을 좋아한다. 건조에는 강하고 과습을 싫어하므로 오랫동안 비를 맞지 않도록 한다. 다만, 너무 건조하지 않도록 주의한다.

맥문동

음지에 강하여 그늘진 곳에 지피로 이용되는

▶ Liriope: 그리스신화에 나오는 Narcissus의 어머니이며,
삼림지의 요정인 Liriope 이름을 땀

학명:	*Liriope* spp.
과명:	백합과(Liliaceae)
영명:	Lilyturf
원산지:	동아시아
개화기:	여름
원예분류:	다년초
크기:	30~60cm

공원이나 아파트, 도심의 빌딩 사이에서 지피식물로 많이 이용되고 있다. 높이 30~50cm의 상록 다년초로 근경은 짧고, 포복경은 옆으로 뻗으며, 뿌리는 군데군데 비대하여 굵은 덩어리를 이룬다. 잎은 짙은 녹색으로 선형이며, 여러 개가 뭉쳐 난다. 꽃은 5~8월에 연분홍색으로 피며, 1마디에 여러 송이의 꽃이 달린다.

✻ 기르기 포인트

음지에 상당히 강하기 때문에 나무 밑이나 건물의 그늘진 곳에 지피식물로 이용한다. 햇빛을 많이 받게 되면 오히려 잎이 타고 생육이 약해져 죽게 된다.

로벨리아

청명한 하늘을 연상시키는 파란색 꽃

▶ Lobelia: Mathias de l'Obel(1538~1616)

학명:	*Lobelia* spp.
과명:	숫잔대과
	(Lobeliaceae)
영명:	Edging lobelia
원산지:	남아프리카
개화기:	초여름
원예분류:	추파일년초
크기:	10~25cm
종자뿌리기:	10월
(발아온도)	15~18℃
옮겨심기:	4월
(생육적온)	15~20℃

　로벨리아속은 세계 각지에 약 350종이 자생하고 있으며, 우리나라에는 숫잔 대(*L. sessilifolia*)와 수염가래꽃(*L. chinensis*)이 자생하고 있다. 원예적으로 로 벨리아는 남아프리카 원산의 *L. erinus*와 그 원예품종을 말한다. 초여름의 화단 을 푸른색으로 물들이는 로벨리아는 화분이나 플라워박스, 분걸이용으로 이용 되고 있다.

✽ 기르기 포인트

　온도가 너무 올라가거나 햇빛이 부족하면 웃자란다. 실내에서 월동시킬 경우 에도 낮에는 바깥 공기와 직사광선을 받도록 해야 한다. 건조에 비교적 강한 편 이므로 물과 비료를 너무 많이 주지 않도록 한다.

　꽃이 진 후 자라나온 줄기를 잘라 꺾꽂이 할 수 있다.

로불라리아

쿠션 모양으로 뒤덮는 향기나는 꽃

☀ ◇ ❄❄

▶ Lobularia: 라틴어 lobulus(작은 꼬투리)
▶ maritima: 바다와 관련된, 해안의

학명:	*Lobularia maritima*
과명:	십자화과
	(Cruciferae)
영명:	Sweet alyssum
원산지:	지중해 연안
개화기:	봄
원예분류:	추파일년초
크기:	10~15cm
종자뿌리기:	10월
(발아온도)	15℃
옮겨심기:	3월, 10월
(생육적온)	15~20℃

지중해 연안이 원산인 다년초이지만 보통 일년초로 취급되고 있다. 선형의 작은 잎을 가지며 빽빽하고 무성하여 쿠션 모양이 된다. 흰색 또는 라벤다색의 작은 꽃은 산방화서에 달리고, 달콤한 향기를 내뿜는다.

✻ 기르기 포인트

햇빛이 잘 들고 물빠짐이 좋은 곳이 적당하다. 물빠짐이 나쁘면 뿌리가 썩어버린다. 더위에 약하여 뿌리썩음이 잘 일어나므로 통풍에 주의하고 반그늘에서 여름을 보내도록 한다. 추위에는 비교적 강하지만, 강한 서리를 맞으면 식물체가 상한다.

루피너스

☀ ◇ ❄❄ < pH

손가락처럼 갈라진 잎과 멋지게 쭉 뻗은 꽃대에 꽃들이 다닥다닥 피는

▶ Lupinus: 라틴어로 "늑대"에서 유래되었는데, 이 식물들이 땅의 기름기를 모두 없앤다고 잘못 생각했기 때문이다.

▶ polyphyllus: 잎을 많이 가진

학명:	*Lupinus polyphyllus*
과명:	콩과(Leguminosae)
영명:	Lupin, Lupine
원산지:	지중해 연안,
	북아메리카
개화기:	초여름
원예분류:	다년초, 일이년초
크기:	60~150cm
종자뿌리기:	6~9월
(발아온도)	15~20℃
옮겨심기:	9~10월
(생육적온)	15~20℃

봄부터 초여름에 걸쳐 1.5cm 정도의 여러가지 색으로 된 나비모양의 꽃이 송이를 이루며 핀다. 화단의 중심이나 배경이 되도록 심으면 좋고, 특히 집단으로 심으면 효과적이다. 고대 이집트시대부터 식용, 약용, 비누 등으로 이용되어 왔다.

✳ 기르기 포인트

햇빛이 잘 들고 물빠짐이 좋은 비옥한 곳이 적당하다. 산성토양을 싫어하므로 미리 석회를 뿌려 토양을 중화시킨다. 비료는 조금만 주고, 특히 질소성분이 많지 않도록 주의한다. 곧은 뿌리이므로 분갈이는 피하는 것이 좋다. 내한성은 있지만 너무 추우면 잎이 상하므로 서리 가리개가 필요하다. 토양이 과습하지 않도록 주의한다.

석 산

☀ ◌ ❄❄❄

꽃과 잎이 만나지 못하는 알뿌리식물

▶ Lycoris: 그리스신화에 나오는 바다의 여신 Lycoris에서 유래
▶ radiata: 방사상의

학명:	*Lycoris radiata*
과명:	수선화과
	(Amaryllidaceae)
영명:	Red spider lily
원산지:	동아시아
개화기:	가을
원예분류:	하식구근
크기:	30~60cm
옮겨심기:	6~7월
(생육적온)	15~25℃

여름에서 가을까지의 화단을 수놓는 알뿌리식물로 꽃이 필 때는 잎이 없기 때문에 확연한 꽃을 감상할 수 있다. 화분에 심어 베란다 등에서 길러도 적당하다. 가을에 잎보다 먼저 자란 꽃대에 선명한 자홍색의 꽃이 피어 불이 난 듯 강렬한 이미지를 준다.

✳ 기르기 포인트

햇빛과 적당한 습도가 필요하다. 토질은 그다지 가리지 않지만, 물빠짐이 좋아야 하며, 과습하게 되면 알뿌리(인경)가 썩기 쉽다. 7~8월에 옮겨 심는다. 비료는 질소성분보다 인산과 칼륨이 많은 것을 꽃이 진 다음에 준다. 휴면 중에도 뿌리는 다소 활동을 하기 때문에 알뿌리를 파내거나 건조시키지 않는다.

리시마치아

추위와 더위에 아주 강한

▶ Lysimachia: 그리스어 lysimacheion, 트라키아(발칸반도 동부에 있던 고대국가)의 Lysimachos 왕의 이름에서 유래

▲ *Lysimachia nummularia*

학명:	*Lysimachia* spp.
과명:	앵초과(Primulaceae)
영명:	Yellow loosestrife
원산지:	온대~아열대
개화기:	여름
원예분류:	다년초
크기:	10~90cm
옮겨심기:	3월
(생육적온)	15~25℃

세계각지의 온대에서 아열대에 이르기까지 100여 종이 분포하고 있으며, 우리나라에는 까치수염(*L. barystachys*), 좁쌀풀(*L. vulgaris* var. *davurica*) 등이 자생하고 있다. *L. nummularia*는 좁가지풀과 비슷하며, 줄기가 땅으로 기며 생육이 아주 빠르기 때문에 지피식물로서 폭넓게 이용되고 있다.

✽ 기르기 포인트

초봄에 포기나누기를 하여 새로운 지하경(줄기)을 정식한다. 햇빛이 잘 들고 물빠짐이 좋은 경사면에 심는다.

▼ 까치수염

▼ 좁쌀풀

멜람포디움

여름철 화단에 좋은 노란색 꽃

학명 :	*Melampodium* spp.
과명 :	국화과
	(Compositae)
원산지 :	중앙아메리카
개화기 :	여름
원예분류 :	춘파일년초
크기 :	25~40cm
종자뿌리기 :	4~6월
(발아온도)	20~25℃

　여름철의 더위와 습기에 강하기 때문에 우리나라의 여름철 화단식물로 유망하다. 양지는 물론 반그늘에서도 잘 자라는 튼튼한 꽃이다. 화단에서는 높이 25cm 정도부터 노란색의 작은 꽃이 많이 달린다. 분화나 꽃꽂이용으로도 이용된다.

✱ 기르기 포인트
　여름의 더위에 강하므로 화단이나 플라워박스에 최적이다. 물빠짐이 좋으면 장소를 가리지 않지만 비옥한 용토를 좋아하므로 부엽토나 퇴비 등을 넣어준다. 양지가 바람직하지만 반그늘에서도 생육할 수 있다.

밀토니아

팬지를 닮은 꽃 모양

▶ Miltonia: Viscout Milton(1786~1851)을 기념

학명:	*Miltonia* spp.
과명:	난과(Orchidaceae)
영명:	Pansy orchid
원산지:	중남아메리카
개화기:	여름
원예분류:	난과식물
크기:	20~40cm
옮겨심기:	3~4월
(생육적온)	13~23℃

중남미에 자생하는 착생란이다. 영명이 "Pansy orchid"인 것에서 알 수 있듯이 팬지를 닮은 꽃은 벨벳같은 광택이 있고, 독특한 질감과 색조를 갖고 있다. 꽃이 크고 화려한 품종은 고산지대 계통이 많고, 여름의 고온다습에 약한 성질을 갖고 있다.

✽ 기르기 포인트

더위와 추위에 약하여 기르기가 쉽지 않다. 4월 중순부터 9월까지는 반그늘의 통풍이 잘 되는 시원한 실외에 두며, 나무 가지에 걸어 놓는 것도 하나의 방법이다. 특히 3~6월에는 비료를 주어 벌브를 충실하게 만든다. 겨울에는 최저 12~13℃에서 월동시킨다. 건조에 약하므로 용토가 마르지 않도록 주의한다. 특히 생장기에는 물을 충분히 주도록 한다.

분갈이와 포기나누기는 봄에 실시한다.

미모사, 신경초

빗살같은 작은 잎을 건드리면 짜증을 내는

▶ Mimosa: 그리스어 mimos(a mimic), 건드리면 움직이는 잎의 성질에서 유래
▶ pudica: 수줍어하는, 부끄러워하는

학명:	*Mimosa pudica*
과명:	콩과
	(Leguminosae)
영명:	Sensitive plant
원산지:	브라질
개화기:	여름
원예분류:	일년초, 다년초
크기:	30cm

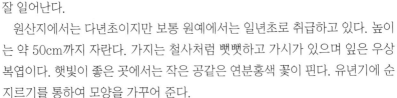

잎을 건드리면 작은 잎들이 수초 내에 순차적으로 밑으로 오므렸다가 약 30분이 지나면 다시 펼쳐지는 특이한 성질 때문에 주로 작은 분화식물로 기르고 있다. 이러한 잎의 운동은 20℃ 이상, 햇빛이 충분할 때 잘 일어난다.

원산지에서는 다년초이지만 보통 원예에서는 일년초로 취급하고 있다. 높이는 약 50cm까지 자란다. 가지는 철사처럼 뻣뻣하고 가시가 있으며 잎은 우상복엽이다. 햇빛이 좋은 곳에서는 작은 공같은 연분홍색 꽃이 핀다. 유년기에 순지르기를 통하여 모양을 가꾸어 준다.

✳ 기르기 포인트

생장이 활발한 시기에는 매달 시비해 주는 것이 좋다. 컴팩트한 모양과 개화를 위해서는 최대한 광을 많이 받도록 한다. 병·해충 피해가 거의 없고 비교적 기르기 쉽다. 주로 종자로 번식된다.

분 꽃

저녁때부터 피는 작은 깔대기 모양의 꽃

▶ Mirabilis: 놀라운
▶ jalapa: 멕시코의 지명 Jalapa

학명:	*Mirabilis jalapa*
과명:	분꽃과
	(Nyctaginaceae)
영명:	Four-o'clock,
	Marvel-of-Peru,
	Beauty-of-the-night
원산지:	열대아메리카
개화기:	여름~가을
원예분류:	춘파일년초
크기:	60~100cm
종자뿌리기:	5월
(발아온도)	20~25℃

　다양한 색의 작은 꽃이 오후 늦게부터 피어 해질녘에도 눈에 두드러진다. 원산지는 열대아메리카로 튼튼하여 기르기 쉽고, 화단에 종자를 바로 뿌려 기른다. 보통은 일년초로 취급되지만, 따뜻한 곳에서는 숙근으로 되어 매년 꽃을 볼 수 있다.

✽ 기르기 포인트
　햇빛이 잘 들고 물빠짐이 좋은 곳에 화단을 만들어 종자를 바로 뿌린다. 간격은 50~60cm 정도로 하여 한 곳에 2~3개의 종자를 뿌리고, 눈이 나면 솎아내어 한 개가 되도록 한다.

모나르다

여름에 특색있는 작은 꽃이 줄기 끝에 둥글게 모여 피는

▶ Monarda: Nicholas Monardes(1493~1588)

학명:	*Monarda* spp.
과명:	꿀풀과(Labiatae)
원산지:	북아메리카
개화기:	여름
원예분류:	다년초
크기:	50~100cm
종자뿌리기:	4월
(발아온도)	15~20℃
옮겨심기:	4월
(생육적온)	15~25℃

　내한성과 내서성이 모두 강한 다년초이다. 여름부터 가을까지 오랫동안 꽃이 피고, 정원에 심거나 꽃꽂이용으로 이용해도 좋다. 또한 잎과 줄기에는 향기가 있어 허브로 이용되는 종도 있다. 향기는 오렌지향과 비슷하고, 향수나 화장품 등에 사용되는 오일이 만들어진다.

✽ 기르기 포인트

　더위와 추위에 강하고, 특히 토질도 가리지 않기 때문에 재배하기 쉽다. 햇빛을 좋아하지만 반그늘에서도 자란다. 번식력이 강하기 때문에 큰 포기가 되기 전에 포기를 나누어준다. 정식 간격은 넓을수록 좋으며, 40cm 이상 되도록 한다. 종자를 이용하여 기를 때는 봄에 뿌린다.

무스카리

봄 화단에 활기를 불어 넣어주는 마한 카페트

▶ Muscari: musk의 터키명으로 사향 냄새가 나는 것에서 유래한 것으로 보임.

학명:	*Muscari* spp.
과명:	백합과(Liliaceae)
영명:	Grape hyacinth
원산지:	지중해연안, 서남아시아
개화기:	봄
원예분류:	추식구근
크기:	10~30cm
구근심기:	10~11월
(생육적온)	10~20℃

작은 꽃이 밀집하여 포도송이 같은 모양으로 피며, 봄의 구근화단에 빼놓을 수 없는 꽃이다. 개화기가 길기 때문에 화려한 튤립 등과 함께 심으면 독특한 색의 조화를 이룬다. 성질이 강건하여 기르기 쉬우며 플라워박스에 모아 심으면 아름답다.

✳ 기르기 포인트

알뿌리는 발근 부위가 건실한 것을 선택한다. 심는 장소는 물빠짐이 좋은 사질양토가 최적이다. 가을부터 봄 사이에는 햇빛이 잘 드는 곳이 좋지만, 5월부터 여름 사이에는 낙엽수의 그늘이 되는 장소가 최적이다. 심는 장소에 미리 석회를 뿌리고 유박에 칼륨비료를 넣은 밑거름을 시비한다.

정원에 심을 경우에는 55cm에 1구 정도로 조금 빽빽하게 심으면 아름다운 개화를 즐길 수 있다. 복토는 약 2cm 정도로 한다. 꽃이 지면 종자가 생기지 않도록 꽃대를 잘라준다. 6월이 되어 잎이 시들면 맑은 날 알뿌리를 파내어 흙을 제거하고 살균하여 잘 씻은 다음, 통풍이 좋은 그늘진 곳에 보관한다.

물망초

나를 잊지 말아요

▶ Myosotis: 그리스어 myosotis, mus(mouse) + otos(ear)

학명:	*Myosotis scorpioides*
과명:	지치과(Boragiaceae)
영명:	Forget-me-not
원산지:	유럽, 아시아
개화기:	봄
원예분류:	추파일년초
크기:	20~40cm
종자뿌리기:	10월
(발아온도)	15~18℃
옮겨심기:	11월
(생육적온)	10~20℃

봄에 청색이나 흰색, 핑크색의 작고 귀여운 꽃이 피는 초화이다. 원래는 다년초이나 우리나라에서는 일년초로 취급되고 있다. 튤립 등과 같이 심으면 물망초의 연한 색감이 주 식물의 강렬한 색채를 부드럽게 해 준다.

물망초에는 많은 전설이 등장하는데, 독일에서는 슬픈 사랑의 이야기로 전해져 오고 있다. 사랑하는 사람을 위해 도나우강에서 이 꽃을 꺾으려던 남자가 발이 미끄러져 그만 급류에 휘말려 버렸을 때 꺾은 꽃을 던지면서 "나를 잊지 말아요!"라고 외쳤다고 한다. 또 아담이 낙원에서 식물의 이름을 붙이고 있을 때, 이 식물만이 자신의 이름을 잊어버렸다고 한다. 그래서 신에게서 물망초라는 이름을 받았다는 재미있는 이야기도 전해지고 있다.

✽ 기르기 포인트

햇빛이 잘 들고 물빠짐이 좋은 곳이 적당하다. 비교적 강건하고 내한성도 있다. 다만, 강한 추위나 서리에 의해 잎이 상하는 경우도 있다. 토양이 건조하면 식물체가 약해지고 생장이 나빠진다. 더위에 약하지만 여름을 시원하게 보낼 수 있으면 숙근초가 된다. 비옥한 토양을 좋아하므로 밑거름을 충분히 주고 액체비료를 월 2~3회 준다.

남 천

3출엽과 붉은 열매가 특징인 동양적인 식물

▶ Nandina: 남천의 일본발음인 Nanten이 라틴어화된 것
▶ domestica: 집에서 자주 이용되는 식물

학명:	*Nandina domestica*
과명:	매자나무과
	(Berberidaceae)
원산지:	아시아
개화기:	겨울
원예분류:	화목
크기:	300cm

반상록성 관목으로 가을에 붉게 물드는 단풍과 송이를 이루며 겨울 내내 달려 있는 붉은 열매가 아름답다. 잎은 혁질이고 3회 우상복엽인 것이 특징이다. 꽃은 6~7월에 흰색으로 피고 가지 끝에 나오는 원추화서에 달린다. 수세가 강하고 병충해가 적으며 남부지방에서는 정원에, 중부지방에서는 분화로 기르면 좋다. 남천은 그 모양이 동양적인 느낌을 주는데, 정원의 모퉁이나 북측의 공지 등 햇빛이 다소 부족한 곳에 심으면 좋다.

✳ 기르기 포인트

토질은 가리지 않지만, 물빠짐이 잘 되는 용토를 좋아한다. 부식질이 풍부한 비옥한 토양이 적당하다. 햇빛을 좋아하지만, 반그늘에서도 잘 자란다. 전정할 필요는 없고 통풍을 좋게 하기 위해 가지를 솎아주는 정도로 한다.

나팔수선

이른 봄을 수놓은 청초한 꽃

▶ Narcissus: 그리스신화 나르시스의 이름에서 유래

학명:	*Narcissus* spp.
과명:	수선화과
	(Amaryllidaceae)
영명:	Daffodil
원산지:	유럽, 지중해연안
개화기:	봄
원예분류:	추식구근
크기:	10~45cm
구근심기:	9~11월
(생육적온)	10~20℃

초봄부터 청초하게 향기 있는 꽃을 피워 정원을 장식한다. 남부지방에서는 연말부터 곧게 선 잎이 나와 메마른 겨울철에 푸르름을 주는 지피식물로서도 중요한 존재이다. 군식미가 있는 식물이기 때문에 대형의 콘테이너에 같은 품종끼리 모아 심는다.

✻ **기르기 포인트**　알뿌리는 종류에 따라 크고 작은 것이 있으나 둥글고 충실한 것을 고르고, 평구형의 것은 버리는 것이 좋다. 잎이 자라는 겨울부터 꽃이 피는 봄에 걸쳐 햇빛을 충분히 받을 수 있고, 5월 이후에는 그늘이 되고 물빠짐이 좋은 곳이 최적이다. 알뿌리를 심기 전에 완숙퇴비나 완효성비료(1㎡당 100g 정도)를 넣고, 알뿌리 크기의 2~3배 깊이로 심는다. 덧거름은 앞선 비료량의 반 정도를 개화 직전에 준다. 잎이 노랗게 변하는 6월경에 알뿌리를 파낸다.

▼ 수선화(*N. tazetta*)

▼ 나팔수선(*N. pseudonarcissus*)

풍란, 소엽풍란

공기 중의 수분과 양분을 먹고 살며 향기나는 흰색꽃이 피는

▶ Neofinetia: 처음에는 finetia로 하였으나 同名이 있어서 Neo(新)finetia로 함
▶ falcata: 낫 같은

학명:	*Neofinetia falcata*
과명:	난과(Orchidaceae)
원산지:	우리나라, 일본, 중국
개화기:	여름
원예분류:	난과식물
크기:	10cm
옮겨심기:	3~4월
(생육적온)	20~25℃

　바람을 좋아하고 공기 중에 있는 수분과 양분을 흡수하여 살아가는 난이라는 뜻으로 풍란이라고 하며, 나도풍란(대엽풍란)에 비해 잎이 작아 소엽풍란이라고도 불린다.

　풍란은 위구경이 없고 수분과 양분을 잎과 뿌리에 저장한다. 잎은 줄기를 중심으로 1년에 좌우로 엇갈려서 1매에서 2~3매가 나오고, 평균수명은 4~7년 정도이며, 1포기당 2~20여 매가 붙는다. 잎의 길이는 10cm 전후이고, 너비는 1.5cm 정도로서 육질이 단단하고 두껍다. 꽃은 6~7월 중에 5~10cm 정도의 꽃대에서 5~6송이의 순백색이나 연분홍색 등으로 피는데, 보통 15~20일 정도 개화한다.

생육온도가 20~25℃이고 겨울철에는 5~8℃에서 휴면을 취하는 온대성 식물이므로, 겨울철에 20℃ 이상 높은 온도를 유지하면 웃자라거나 분열되지 않고 꽃눈이 생기지 않는다. 보통 10℃ 이하나 30℃ 이상의 온도에서는 휴면을 취하게 되며, 가급적 여름휴면은 짧게 유지시켜 주는 것이 생육에 좋다.

습도는 여름에 80~90%, 겨울에는 50% 정도가 알맞다. 겨울에 풍란의 잎이 쪼글쪼글한 것은 월동을 하기 위해 필요없는 수분을 방출한 것이기 때문에 간혹 병이나 건조로 인한 피해로 잘못 알고 물을 자주 주거나 습도를 높여주는 일이 없도록 한다. 자연광이 30~60% 차광된 조건에서 잘 자라며, 강한 직사광선을 받지 않는 곳에서 재배하는 것이 좋다. 비료는 거의 필요 없지만 생장이 왕성한 시기인 4~6월과 9~10월에는 묽은 액비를 잎에 뿌려준다.

▼ 나도풍란(*Aerides japonicum*)

상록수림과 침엽수림의 나무나 바위에 붙어서 자라는 상록성 착생종으로 기근은 굵고 다수가 길게 자란다. 줄기는 짧게 비스듬히 올라가고 마디 사이가 좁아져 2~6개의 잎이 좌우 2줄로 어긋난다. 잎은 길이 8~15cm, 너비 1.5~2.5cm로 좁은 장타원형이며 두꺼운 육질이지만 다소 부드럽고, 표면의 맥은 들어가며 끝이 둔하다. 꽃은 담녹색을 띤 백색으로, 7월 하순에서 8월 중순 사이에 4~10개가 길이 5~20cm의 총상화서에 비스듬히 밑으로 쳐져 달리며 향기가 있다.

온시디움

나비가 날아다니는 것같은 선명한 노란색의 꽃이 매력적인

▶ Oncidium: 그리스어 onkos(혹, 종기). 설판의 일부가 혹 모양으로 부풀어 오른다.

학명:	*Oncidium* spp.
과명:	난과(Orchidaceae)
영명:	Dancing-lady orchid
원산지:	열대~아열대아메리카
개화기:	겨울
원예분류:	난과식물
크기:	30~100cm
옮겨심기:	3~4월
(생육적온)	15~25℃

선명한 노란색의 작은 꽃이 많이 달려 유난히 눈길을 끄는 양란으로, 아메리카대륙의 열대, 아열대에 약 400여 종이 분포하는 상록성의 착생란이다.

✱ 기르기 포인트

대부분의 종류가 건조에 강하고 과습에 약하다. 수태에 심을 때는 작은 토분을 사용하여 물을 준 후에 가능한 빨리 밑부분이 마르도록 하는 것이 좋다.

5월 이후에는 실외에서 관리하고, 30% 정도 차광된 햇빛을 받도록 한다. 겨울에는 실내에 들여 놓고 10~15℃에서 보호한다. 꽃눈이 자라기 시작하면 지주를 세워준다.

오스테오스퍼멈

화려한 꽃이 무리지어 피는 변화가 풍부한 꽃

▶ Osteospermum: 그리스어 osteon(a bone) + spermum (seeded)

학명:	*Osteospermum* spp.
과명:	국화과(Compositae)
원산지:	남아프리카
개화기:	봄
원예분류:	다년초
크기:	30~40cm
옮겨심기:	6월, 10월
(생육적온)	15~25℃

　　남아프리카 원산으로 이전에는 *Dimorphotheca*속이었으나 현재는 *Osteospermum*속으로 독립하였다. 비교적 수명이 짧은 꽃이었으나 계속해서 신품종이 육성되어 개화기간도 길고 인기있는 분화식물 또는 화단재료가 되었다.

✽ 기르기 포인트

　　장마기간이 되면 꽃이 지므로 식물체의 1/3 정도까지 잘라서 반그늘의 통풍이 잘 되는 곳에 옮기고 여름을 보낸다. 겨울을 나기 위해서는 3℃ 이상이 필요하다.

옥살리스, 사랑초

저녁이 되면 잎을 오무리는 사랑초

▶ Oxalis: 그리스어 oxys(시다)에서 유래

▲ *O. triangularis*

학명:	*Oxalis* spp.
과명:	괭이밥과 (Oxalidaceae)
영명:	Wood sorrel, Lady's sorrel
원산지:	전세계
개화기:	봄
원예분류:	추식구근
크기:	10~40cm
옮겨심기:	7~9월
(생육적온:	15~20℃

▲ 괭이밥(*O. corniculata*)

열대에서 아열대에 걸쳐 자생하는 것이 많으며, 추위에도 비교적 강해 따뜻한 곳에서는 노지에서도 충분히 월동한다. 우리나라에서 야생하는 괭이밥은 5~9월에 노란색 꽃이 핀다. 오랫동안 꽃이 피고, 또한 잎이 아름다운 종도 있는데, 화분에 심어 창가에 두면 좋은 식물이다.

✳ 기르기 포인트

물빠짐이 좋게 심기만 하면 토질을 가리지 않고 잘 자란다. 비료는 발아할 때 화학비료를 조금 주거나 때때로 액비를 주는 정도로 한다. 다만, 햇빛을 잘 받아야 하는 것이 절대조건으로 그늘에서는 꽃잎이 닫혀있는 상태로 있다. 서리를 맞지 않도록 하고 5℃ 이상을 유지하면 실외에서도 월동이 가능하다.

▲ *O. tetraphylla*

작 약

초본성의 모란

▶ Paeonia: 그리스신화에 나오는 의사 Paeon에서 유래
▶ lactiflora: 우유빛의 꽃

학명:	*Paeonia lactiflora*
과명:	미나리아재비과
	(Ranunculaceae)
영명:	Chinese peony
원산지:	북중국, 시베리아
개화기:	초여름
원예분류:	다년초

옛날부터 작약은 모란과 더불어 미인을 나타내
는 꽃이었다. 작약과 모란의 차이점으로는 작약은
초본성인 알뿌리식물인 반면, 모란(*P. suffruticosa*)
은 목본성인 낙엽관목이다. 속명의 *Paeonia*는 그
리스신화에 등장하는 의사 Paeon과 연관이 있으
며, 옛날부터 이 속의 식물은 약효가 있는 것으로
알려져 있다.

▼ 모란(*P. suffruticosa*)

✽ 기르기 포인트
　추위에 강하여 튼튼하게 기르
기 쉽지만 고온다습에 약하다. 햇
빛이 잘 들고 물빠짐이 좋은 부식
질이 풍부한 비옥한 토양이 적당
하다. 비료를 충분히 주지 않으면
꽃달림과 꽃색이 나쁘게 된다.

양귀비꽃, 포피

❋ ◇ ❄❄❄

구**겨 놓은 한지가 퍼지는 것처럼 특이한 모양으로 꽃이 피는**

▶ Papaver : 양귀비의 라틴명

학명 :	*Papaver* spp.
과명 :	양귀비과
	(Papaveraceae)
영명 :	Poppy
원산지 :	시베리아, 유럽
개화기 :	초여름
원예분류 :	추파일년초
크기 :	50~120cm
종자뿌리기 :	9월
（발아온도）	15~20℃

▲ 아이슬란드포피(*P. nudicaule*)

아편의 원료로 이용되는 것으로 유명한 양귀비(*P. somniferum*)는 재배가 금지된 것이지만, 여기에 소개하는 포피는 양귀비류를 총칭하는 영명으로 아편 성분이 없는 것을 말한다. 우리나라에서 자라고 있는 관상용 양귀비로는 털양귀비(*P. orientale*), 개양귀비(*P. rhoeas*), 흰양귀비(*P. anomalum*) 등이 있다.

▲ 흰양귀비(*P. anomalum*)

❋ 기르기 포인트

햇빛이 잘 들고 물빠짐이 좋은 곳이 적당하다. 퇴비나 피트모스 등의 유기질을 넣어주면 좋다. 건조에 강하고, 용토가 과습하지 않도록 주의가 필요하다. 추위에 강하기 때문에 월동을 위해 보온할 필요는 없다.

파피오페딜럼

슬리퍼 모양을 한 입술을 가진 것이 특징적인

▶ Paphiopedilum: 그리스어 paphia (아프로디테[비너스]의 별명) + pedilon (샌들)

학명:	*Paphiopedilum* spp.
과명:	난과(Orchidaceae)
영명:	Lady's-slipper
원산지:	동남아시아
개화기:	겨울, 여름
원예분류:	난과식물

열대아시아를 중심으로 인도~중국, 필리핀~뉴기니아 등지에 약 60종이 분포하고 있다. 카틀레야나 덴드로비움에 비해 수수한 인상을 주지만, 그 특이한 형태로 인해 인기가 있다. 영명으로 "Lady's-slipper"로 불리는데, 설판이 슬리퍼와 닮은 독특한 형태를 하고 있기 때문이다.

❋ **기르기 포인트**

양란 가운데 비교적 수수하여 눈에 띄지 않지만 튼튼하여 키우기 쉽다. 추위에도 강하여 5℃ 이상을 유지하면 월동이 가능하지만, 10℃ 이상이 바람직하다. 겨울에 꽃이 피는 종과 여름에 피는 종이 있다. 더위에는 조금 약하고, 강한 햇빛은 싫어하기 때문에 직사광선을 받지 않도록 한다.

P. delenatii

시계꽃

시계 모양의 꽃

▶ Passiflora: 라틴어 passio(passion) + flos(a flower)
▶ caerulea: 짙은 파랑색의

학명:	*Passiflora caerulea*
과명:	시계꽃과
	(Passifloraceae)
영명:	Passionflower
원산지:	열대아메리카
개화기:	여름
원예분류:	다년초

　마치 시계처럼 생긴 꽃이 피기 때문에 시계꽃이라 불린다. 덩굴성 식물이므로 화분에서 기를 때는 줄기를 유인할 수 있는 틀을 만들어 주면 좋다. 기독교에서는 이 꽃을 십자가에 비유하고 예수의 처형을 상징하며, 많은 그림에도 그려져 있다. 속명 또한 라틴어로 예수의 수난을 의미하는 "고뇌"와 "꽃"이라는 말로부터 만들어졌다.

✳ 기르기 포인트

　햇빛이 잘 들고 물빠짐이 좋은 곳이 적당하다. 비교적 내한성을 가지고 있지만 우리나라에서는 실내에서 월동시키는 것이 좋다. 종자번식도 가능하지만 보통은 꺾꽂이로 번식한다.

제라니움

유럽의 창가를 수놓는 꽃

▶ Pelargonium: 그리스어 pelargos(a stork), 열매가 황새의 부리와 닮은 것에서 유래되었다고 하나 정확하지 않다.

학명:	*Pelargonium* spp.
과명:	쥐손이풀과 (Geraniaceae)
영명:	Geranium
원산지:	남아프리카
개화기:	봄
원예분류:	다년초
크기:	30~100cm
종자뿌리기:	4~5월
(발아온도)	20℃
옮겨심기:	4~5월, 9~10월
(생육적온)	15~25℃

　세계적으로 널리 이용되고 있는 중요한 분화식물로 특히 유럽에서는 창가에 수놓는 꽃으로 없어서는 안되는 식물이다. 제라니움은 옛날 학명이 그대로 남은 것으로 영명으로도 사용되고 있다. 대부분 남아프리카 원산으로 280여 종이 있는데, 재배되고 있는 펠라고니움은 크게 세 그룹으로 나눈다.

✱ 기르기 포인트

　약간 건조한 것을 좋아하기 때문에 흙 표면이 마른 후 1~2일 두었다가 물을 주면 충분하다. 용토가 과습하면 뿌리가 썩으므로 주의한다. 여름의 고온 다습을 싫어한다. 여름 이외에는 햇빛을 잘 받게 한다. 햇빛이 부족하게 되면 꽃 모양이 나쁘고, 봉오리도 전개되지 않는다. 추위에는 비교적 강하지만, 여름의 더위와 강한 광선에는 약하다. 뿌리의 생장이 좋기 때문에 매년 분갈이를 해 주어야 하고, 꺾꽂이하여 식물체를 갱신한다.

▼ *P.* × *peltatum*(Ivy geranium)
아이비의 잎처럼 5갈래로 얕게 갈
라져 있고, 톱니가 없다.

▼ *P.* × *domesticum*(Show geranium)
불명확한 열편과 톱니모양의 거치
가 있으며, 때로는 깊게 갈라진다.

◀ *P.* × *hortorum*(Fish geranium)
잎이 둥근 부채 모양으로 무딘
톱날같은 거치가 있으며, 종종
띠를 두르거나 반엽이 들어간다.

◀ 구문초(*P. denticulatum*)
모기를 쫓는다고 알려져 있으
며 허브식물로 많이 이용되고 있
다.

펜타스

다섯개의 꽃잎으로 이루어진 별 모양의 작은 꽃

▶ Pentas: 그리스어로 "5"를 의미. 꽃의 각 부분이 5개인 것에서 유래
▶ lanceolata: 피침형의 잎 모양

학명:	*Pentas lanceolata*
과명:	꼭두서니과
	(Rubiaceae)
영명:	Egyptian star-cluster
원산지:	열대아프리카,
	아라비아반도
개화기:	가을
원예분류:	다년초

　동쪽의 열대아프리카에서 아라비아반도에 걸쳐 분포하는 초본 또는 반관목 식물이다. 펜타스는 그리스어로 "5"를 의미하는데, 꽃의 각 부분이 보통 5개인 것에서 유래된 것이다. 영명은 별 모양의 작은 꽃이 많이 달려 있는 모양과 원산지를 결합하여 만든 것이다.

✽ **기르기 포인트**

　튼튼하여 기르기 쉽지만 추위에는 그다지 강하지 않다. 월동하기 위해서는 10℃ 정도가 필요하다. 햇빛이 잘 들고 통풍이 좋은 곳에서 관리한다. 특히 과습을 싫어하기 때문에 물빠짐이 좋은 용토를 사용해야 한다. 육묘기부터 순지르기를 하여 가지가 많이 갈라지도록 유도한다. 꽃 피는 기간이 길기 때문에 한달에 2~3번 정도 액체비료를 준다.

페튜니아

여름철의 화단을 수놓는 깔대기 모양의 꽃

▶ Petunia: 브라질 이름인 petun(tobacco)이 라틴어화된 것

학명:	*Petunia* spp.
과명:	가지과
	(Solanaceae)
영명:	Petunia
개화기:	여름
원예분류:	춘파일년초
크기:	30~50cm
종자뿌리기:	4~6월
(발아온도)	20~25℃
옮겨심기:	5~6월
(생육적온)	20~25℃

늦봄부터 가을까지 지속적으로 화려한 꽃을 피운다. 꽃이 많이 피고 그 기간도 길기 때문에 여름철 화단에 없어서는 안되는 식물로 화분이나 플라워박스, 걸이용 등 폭넓게 이용되고 있다. 최근에는 종자로부터 기르는 품종과 달리 꺾꽂이로 기르는 품종이 등장하였는데, 대표적인 품종이 "사피니아(surfinia)"이다.

이 종은 비와 여름철의 고온다습에 강하고, 한여름에도 식물체가 약해지지 않고 계속해서 꽃이 피기 때문에 아직 꽃색은 다양하지 않지만 점점 많이 재배되고 있다. 페튜니아는 브라질어로 Petun이라고 하는 같은 과 식물인 담배를 의미하는 단어에서 유래된 것인데, 꽃의 모양이 닮은 것에서 붙여진 것으로 보인다.

▼ 걸이화분으로 이용되고 있는 사피니아

✽ 기르기 포인트

봄에 모종을 구입하여 심는 것이 일반적이다. 심는 간격은 25~30cm 정도이다. 햇빛을 좋아하지만 다습에는 약하며, 꽃이 비를 직접 맞으면 병의 원인이 된다. 꽃 피는 기간이 길고 비료를 좋아하기 때문에 일주일에 1~2번 정도 낮은 농도의 액비를 준다. 꽃이 지면 부지런히 따 주어야 다음의 꽃이 잘 핀다.

회색곰팡이병에 걸리기 쉬우므로 식물체 주변을 항상 청결하게 하고 정기적으로 예방약을 살포한다. 청결한 용토를 사용하는 것도 중요하다.

▼ 페튜니아의 여러 품종

▲ 페튜니아의 사피니아 품종으로 화려하게 장식된 다리

팔레놉시스, 호접란

나비가 춤추는 듯한 청초한 꽃

▶ Phalaenopsis: 그리스어 phalaina(나비) + opsis(닮은)

학명 :	*Phalaenopsis* spp.
과명 :	난과(Orchidaceae)
영명 :	Moth orchid
원산지 :	동남아시아
개화기 :	겨울
원예분류 :	난과식물
크기 :	30~70cm
옮겨심기 :	5~6월
(생육적온)	15~25℃

　원산지는 동남아시아, 대만, 오스트레일리아 등의 열대, 아열대 지역으로 약 50종이 분포하고 있다. 줄기가 하나만 나오기 때문에 포기나누기를 할 수 없다. 나비가 춤추는 듯한 청초한 꽃을 많이 피우기 때문에 호접란이란 이름이 붙었고, 학명도 "나비"와 "닮다"의 의미가 있다.

✽ 기르기 포인트

　개화주를 구입하여 약간 차광된 햇빛이 비치는 창가에 두고 흙이 건조해지면 물을 주는 정도로 관리한다. 추위나 건조, 강한 햇빛은 피하는 것이 원칙이다. 특히 겨울에는 잎에 분무기로 스프레이하여 습도를 유지하는 것이 필요하고, 야간 온도를 최저 10℃ 이상으로 유지해 주어야 한다. 꽃이 진 후 꽃대에서 겨드랑이 눈이 나와 다시 한 번 꽃이 피는 경우가 있기 때문에 꽃대를 3마디 정도 남기고 자른다.

나팔꽃

아침이면 나팔을 울리는 듯 피는 덩굴성식물

▶ Pharbitis: 그리스어 pharbe(色)에서 유래
▶ nil: 아랍명 남색(藍色)에서 유래

학명:	*Pharbitis nil*
과명:	메꽃과
	(Convolvulaceae)
영명:	Japanese
	morning glory
원산지:	네팔
개화기:	여름
원예분류:	춘파일년초
크기:	20~200cm
종자뿌리기:	5월
(발아온도)	20~25℃
옮겨심기:	6월
(생육적온)	20~30℃

네팔의 고원지대가 원산인 나팔꽃은 옛날부터 종자가 약용(설사약)으로 이용되어 왔다. 메꽃과의 대표적인 꽃으로, 모닝글로리(Morning glory)라는 영명에

걸맞게 새벽 3~4시경에는 봉오리가 벌어지기 시작하여 아침 9시에는 꽃이 활짝 핀다. 그리고 오후가 되면 꽃잎을 오므리고 시들어 떨어져버린다. 또한 나팔꽃은 지주를 시계반대방향으로 감고 올라가는 습성이 있다. 방향이 반드시 정해져 있어 반대로 감아놓아도 다시 원래대로 되돌아간다.

✽ 기르기 포인트

양분을 많이 필요로 하는 식물이기 때문에 비료가 떨어지지 않도록 주의하고, 햇빛을 잘 받도록 한다. 다만, 질소성분이 많으면 줄기와 잎만 무성하게 되고 꽃은 피지 않는다.

숙근플록스, 풀협죽도

☀ ◇ ❄❄❄

여름철 붉은 물결이 넘실대는 장관을 연출하는

▶ Phlox: 그리스어 phlox(a flame), 불꽃
▶ paniculata: 꽃이 원추화서

학명:	*Phlox paniculata*
과명:	꽃고비과
	(Polemoniaceae)
영명:	Perennial phlox
개화기:	여름
원예분류:	다년초
크기:	70~100cm
옮겨심기:	3~4월, 10월
(생육적온)	15~25℃

북아메리카 원산으로, 곧게 서는 줄기의 끝부분에 작은 꽃이 피라미드 모양으로 핀다. 정원에 심으면 별다른 관리없이 쉽게 기를 수 있다. 햇빛을 좋아하고 추위에 강하기 때문에 비교적 넓은 땅에 심으면 별로 관리하지 않아도 여름철에 붉은 물결이 넘실대는 장면을 연출할 수 있다.

✽ 기르기 포인트

햇빛을 좋아하고 추위에 강해 화단에서 월동이 가능하다. 봄에 모종을 구입하여 햇빛과 물빠짐이 좋고 퇴비를 넣어 비옥한 곳에 30~40cm 간격으로 심는다. 눈이 15cm 정도 자랐을 때 순지르기를 하면 꽃달림이 좋게 된다. 번식은 눈이 나기 전인 3~4월에 파내어 포기나누기를 한다. 꺾꽂이도 가능하다.

꽃잔디

봄철의 분홍색 꽃양탄자

☀ ○ ❄❄❄

▶ Phlox: 그리스어 phlox(a flame), 불꽃
▶ subulata: 송곳 모양의

학명:	*Phlox subulata*
과명:	꽃고비과
	(Polemoniaceae)
원산지:	북아메리카
개화기:	봄
원예분류:	다년초
크기:	10cm
옮겨심기:	10월, 3월
(생육적온)	10~20℃

　북아메리카 원산의 다년초이다. 잔디처럼 지면을 덮고 건조에도 강하여 경사지 등에 지피식물로 이용하면 좋다.

✳ 기르기 포인트

　더위와 추위에 강하여 키우기 쉽다. 토질은 그다지 가리지 않지만, 햇빛이 잘 들고 물빠짐이 좋은 곳이 적당하다. 물빠짐이 나쁘고 고온다습하면 썩기 쉽게 된다. 비료, 특히 질소성분을 너무 많이 주면 줄기가 연약해져서 병에 걸리기 쉽다.

꽈 리

자루 모양의 꽃받침이 열매를 감싸고 있는

▶ Physalis: 그리스어 physa(a bladder, 수포, 기포, 주머니)에서 유래
▶ alkekengi: 꽈리의 아랍명
▶ franchetii: Adrien Rene Franchet(1834~1900), 프랑스의 식물학자

학명:	*Physalis alkekengi* var. *franchetii*
과명:	가지과(Solanaceae)
영명:	Chinese lantern, Winter cherry, Strawberry tomato
개화기:	여름(열매)
원예분류:	다년초
크기:	40~90cm

집 근처에서 자라고 흔히 심기도 하는 다년초. 4~5월에 피는 종 모양의 꽃은 엽액에 1개씩 밑으로 처지면서 달리며 자주빛이 도는 황색이다. 꽃이 핀 다음 자라는 꽃받침 속에 열매가 들어 있으며, 도드라진 그물 모양의 무늬가 있다. 지하 줄기는 진통제 및 황산아트로핀의 제조원료로 사용되며 독성이 강하다. 속명은 그리스어의 "자루, 주머니"란 뜻으로 자루 모양의 꽃받침이 열매를 감싸고 있는 모양에서 유래되었다.

✻ 기르기 포인트

따뜻하고 비옥하며 물빠짐이 잘 되는 토양을 좋아하지만, 내한성이 있어 각지에서 재배 가능하다. 햇빛을 충분히 확보하고, 용토가 너무 건조하지 않도록 주의한다. 밑거름을 충분히 주는 것과 함께 꽃이 필 때까지는 한 달에 1~2번씩 비료를 조금씩 준다.

159

꽃범의꼬리, 피소스테기아

☀ 💧 ❆❆❆

줄기 끝에 흰색 또는 보라색의 작은 꽃들이 밑에서 차곡차곡 피는

▶ Physostegia: 그리스어 physa(a bladder) + stege(roof covering),
열매가 부풀어진 꽃받침에 덮혀 있다.
▶ virginiana: 버지니아의

학명:	*Physostegia virginiana*
과명:	꿀풀과(Labiatae)
영명:	Obedience
원산지:	북아메리카
개화기:	여름
원예분류:	다년초
크기:	60~120cm
옮겨심기:	3월, 10월
(생육적온)	15~25℃

북아메리카 원산의 다년초로 여름부터 초가을에 걸쳐 분홍색 또는 흰색의 꽃이 수상화서를 이루며 달린다. 화서는 20~30cm 정도로 커서 화단에 심어도 두드러진다. 한 번 심고 그냥 방치하여도 매년 꽃이 필 정도로 야생화적인 특성을 많이 가지고 있다. 화단은 물론이고 꽃꽂이 이용으로도 이용할 수 있다. 속명은 그리스어 "기포, 수포, 주머니"와 "덮다"의 합성어로, 열매가 부풀어진 꽃받침에 싸여 있는 것에서 유래되었다.

✱ 기르기 포인트

햇빛이 잘 들고, 건조하지 않은 용토를 좋아한다. 토질은 그다지 가리지 않지만 부식질이 풍부한 토양이 적당하다. 여름의 건조에 약하므로 충분히 물을 주어야 한다.

도라지

별 모양의 보라색 꽃

☀ ◊ ✽✽✽

▶ Platycodon: 그리스어의 넓다와 꽃밥의 합성어
▶ grandiflorus: 큰 꽃의

학명:	*Platycodon grandiflorus*
과명:	초롱꽃과 (Companulaceae)
영명:	Balloon flower
개화기:	여름
크기:	40~100cm
옮겨심기:	4월
(생육적온)	15~25℃

　높이 40~100cm의 다년생 초본으로, 햇빛이 잘 드는 산지의 낮은 초원에서 자생한다. 원줄기를 자르면 백색 유액이 나온다. 7~8월에 피는 꽃은 보라색 또는 백색으로 종 모양이며, 꽃받침은 5개로 갈라진다. Balloon flower라는 영명은 꽃봉오리가 풍선과 같이 부풀어지는 것에서 유래되었다.

✽ 기르기 포인트

　햇빛이 잘 드는 비옥한 토양이 적당하지만 아침에 햇빛을 받는 정도에 따라 잘 생육하며 꽃도 볼 수 있다. 여름에 너무 건조하면 좋지 않기 때문에 건조하기 쉬운 장소는 짚 등을 깔아서 보호해 준다. 보통 포기나누기로 번식하며 4월에 종자를 뿌려도 좋다.

무늬둥굴레

잎 겨드랑이에 달리는 사랑스러운 꽃

☀ ◊ ✽✽✽

▶ Polygonatum: 그리스어 polys(many) + gony(the knee-joint),
근경에 많은 마디가 있는 것에서 유래

학명:	*Polygonatum odoratum* var. *pluriflorum* cv.
과명:	백합과(Liliaceae)
영명:	Solomon's-seal
원산지:	한국, 중국, 일본
개화기:	초여름
크기:	30~60cm

　높이 30~60cm의 다년생 초본으로 산지의 숲 속 그늘이나 초원에서 자생하며 최근 원예종으로 많이 개발되었다. 꽃은 5~7월에 피며, 잎 겨드랑이에 1~2개씩 달린다. 길이는 1.5~2cm로 밑부분은 백색, 윗부분은 녹색이다.

✸ 기르기 포인트

　강한 성질로 기르기 쉽다. 물빠짐이 잘 되는 용토를 좋아하지만 물부족이 겹치면 잎이 누렇게 변해 버린다. 햇빛을 좋아하기 때문에 햇빛이 잘 받도록 해 주어야 하지만, 여름의 너무 강한 햇빛에는 반그늘 정도가 좋다. 포기나누기로 번식한다.

폴리고눔

연분홍색의 작은 꽃이 둥글게 모여 피는

▶ Polygonum: 그리스어 polys(many, much) + gonos(offspring, seed),
씨가 많은 것에서 유래

학명:	*Polygonum capitatum*
과명:	마디풀과
	(Polygonaceae)
영명:	Knotweed,
	Smartweed
개화기:	가을
원예분류:	다년초
크기:	8~15cm
옮겨심기:	4월
(생육적온)	15~25℃

히말라야 원산의 다년초로 땅을 기는 줄기는 지면에 닿은 마디로부터 뿌리가 나오고, 한 포기가 사방 50cm까지 퍼진다. 잎에는 짙은 자색의 V자 모양이 있고, 가을부터 초겨울까지 핑크색의 꽃이 식물체를 뒤덮는다. 걸이화분이나 지피식물로 이용되고 있다.

✳ 기르기 포인트

따뜻한 곳에서는 상록성으로, 서리를 맞아도 뿌리가 살아남아 월동한다. 다만, 5℃ 이하로 내려가는 곳에서는 실내에서 월동시키는 것이 좋다. 양지~반그늘에서 잘 자라고, 건조와 더위에도 강하며 비료도 특별히 줄 필요가 없다. 포기나누기로 번식하며, 따뜻한 곳에서는 자연적으로 떨어진 종자로 불어나 잡초화되는 경우도 있다.

채송화

아름다운 다육질의 지피식물

▶ Portulaca: 쇠비름(Portulaca oleracea)의 라틴명
▶ grandiflora: 큰 꽃

학명:	*Portulaca grandiflora*
과명:	쇠비름과
	(Portulacaceae)
영명:	Rose moss, Purslane
개화기:	여름
원예분류:	다년초
크기:	30cm
종자뿌리기:	4~6월
(발아온도)	20~25℃
옮겨심기:	6월
(생육적온)	20~25℃

다육질의 무성한 얇은 잎이 땅을 덮으면서 그 영역을 넓혀가며, 여름이면 여러 가지 색의 홑겹이나 겹꽃이 달린다. 꽃은 매일 바뀌면서 피며, 햇빛이 좋은 화단이나 정원에 심으면 아름다운 꽃의 카펫트를 연출할 수 있다. 플라워박스나 걸이용으로 만들면 관리가 쉽고 옆으로 퍼지며 아래로 내려오면서 꽃이 피는데 이것도 아름답다.

✲ 기르기 포인트

햇빛을 좋아하고 건조에 강하지만, 과습한 토양을 싫어한다. 특히 낮은 온도에서의 과습에 약하기 때문에 용토가 건조하면 물을 준다. 4~6월에 종자를 뿌려 비를 맞지 않는 따뜻한 곳에서 발아시키고 양지에서 관리한다. 빽빽한 부분은 솎아내어 길이 3~5cm 정도가 되면 정식한다.

프리뮬러 말라코이데스

벚꽃을 연상시키는 가련한 봄의 초화

▶ Primula: 라틴어 primus(최초), 유럽 앵초가 일찍 꽃이 피는 특징에서 유래
▶ malacoides: 부드러운

학명:	*Primula malacoides*
과명:	앵초과(Primulaceae)
영명:	Fairy primula, Baby primula
원산지:	중국
개화기:	봄
원예분류:	추파일년초
크기:	15~25cm
종자뿌리기:	9월
(발아온도)	15℃
옮겨심기:	10월
(생육적온)	10~20℃

귀여운 꽃 모양과 추위에 비교적 강하기 때문에 이른 봄의 분화식물로 친숙하고 화단식물로도 폭넓게 이용되고 있다. 중국 원산의 작고 꽃이 많이 피는 초화로 원래는 다년초이지만 원예적으로는 일년초로 취급한다.

✻ 기르기 포인트

꽃이 핀 화분을 구입하여 온도가 낮은 실내의 밝은 창가에 두고 관리한다. 온도가 높은 곳은 피하도록 한다. 물은 흙 표면이 마르면 충분히 주며, 이때 꽃에 물이 닿지 않도록 주의해야 한다. 왜냐하면 잿빛곰팡이병이 발생하기 쉽기 때문이다. 시든 꽃은 부지런히 따 준다.

프리뮬러 오브코니카

실내에서 오랫동안 감상할 수 있는

▶ Primula: 라틴어 primus(최초), 유럽 앵초가 일찍 꽃이 피는 특징에서 유래
▶ obconica: 뒤집어진 원뿔 모양의

학명:	*Primula obconica*
과명:	앵초과(Primulaceae)
영명:	German primula,
	Poison primula
원산지:	중국
개화기:	겨울~봄
원예분류:	다년초
크기:	15~20cm
종자뿌리기:	4~6월
(발아온도)	15℃
옮겨심기:	10~11월
(생육적온)	15~20℃

　중국 원산으로 유럽에서 개량된 다년초이다. 잎 사이에서 꽃대가 올라와 지름 5cm 정도의 꽃이 여러 개 달려 오랫동안 지속된다. 햇빛이 다소 부족해도 오랫동안 계속해서 꽃이 피기 때문에 실내에서 즐기기에 최적인 화초이다. 꽃색도 풍부하다. 잎이나 줄기를 만지면 접촉성 피부염을 일으키는 경우가 있으므로 주의가 필요하다.

✻ 기르기 포인트

　실내에 둘 경우에는 난방을 너무 많이 한 방에는 두지 않는 것이 좋다. 매일 물을 많이 주어 건조하지 않도록 관리하되 과습하지 않도록 주의한다. 종자를 맺게 되면 식물체가 약해지므로 꽃이 지면 부지런히 따 준다. 꽃이 오랫동안 피기 때문에 한달에 몇 차례 낮은 농도의 액비를 준다. 가을에 포기 나누기를 한다.

프리뮬러

화려한 색으로 봄이 온 것을 알리는 대표적인 봄 화초

▶ Primula: 라틴어 primus(최초), 유럽 앵초가 일찍 꽃이 피는 특징에서 유래
▶ polyantha: 꽃이 많이 달린

학명:	*Primula polyantha*
과명:	앵초과(Primulaceae)
영명:	Polyanthus
원산지:	코카서스
개화기:	봄
원예분류:	일년초, 다년초
크기:	20cm
옮겨심기:	10월
(생육적온)	15~20℃

화려한 색으로 봄이 온 것을 알리는 프리뮬러
는 대부분의 색이 갖추어져 있다고 할 만큼 다
채로운 꽃이다. 꽃이 잘 피고, 계속해서 꽃이 올
라온다. 화단이나 플라워박스에 심어 봄의 화려
함을 만끽하기에 좋다.

✱ 기르기 포인트

겨울철에 구입한 화분은 햇빛이 잘 드는 실내
의 창가에서 관리한다. 밤에 얼지 않을 정도의
서늘한 온도가 알맞다. 따라서 난방하고 있는
방 안에 둘 경우 꽃이 오래가지 못하고 꽃색도
나쁘게 된다. 시든 꽃은 빨리 따주고, 한달에 2~3
번 액비를 준다. 3~4월은 햇빛이 잘 드는 정원
앞에 장식하여 즐긴다. 여름의 더위에는 약하기

때문에 5~6월이 되면 시원한 나무 그늘 밑으로 옮긴다. 너무 더운지방에서는 여
름을 보내기 어렵다. 9월 말경에 새로운 눈이 나오면 포기나누기를 하여 새롭게
옮겨심는다. 서리가 내리기 시작할 때 다시 실내에 들여 놓는다.

피라칸사

붉은색 열매가 인상적인 생울타리 식물

▶ Pyracantha: 그리스어 pyr(fire) + akantha(a thorn).
가시있는 가지와 반짝이는 붉은 열매에서 유래

학명:	*Pyracantha* spp.
과명:	장미과(Rosaceae)
원산지:	동남유럽, 아시아
개화기:	가을
원예분류:	관목
크기:	100~200cm

상록성 관목으로 남부지방에서는 생울타리로 많이 이용되지만 중부지방에서는 월동이 쉽지 않아 분화식물로 이용한다. 6월에 피는 꽃은 눈에 잘 띄지 않으나 가을에 맺어 봄까지 달리는 붉은색 광택이 있는 열매는 매우 감상가치가 높다. 높이는 1~2m 정도 자라고 가시가 있으며 가지가 많이 갈라져서 엉킨다.

✸ 기르기 포인트
햇빛이 잘 들고 물빠짐이 좋은 곳이면 토질은 가리지 않고 잘 자란다. 꽃이 필 무렵 너무 자라 모양이 흐트러진 가지를 잘라 짧은 가지의 발생을 유도하여 수형을 다듬어야 보기 좋게 기를 수 있다.

라넌큘러스

선명한 꽃색과 볼륨있는 겹꽃

▶ Ranunculus: 라틴어의 "개구리"란 뜻으로, 많은 종이 습지에서 자란다.
▶ asiaticus: 아시아의

학명:	*Ranunculus asiaticus*
과명:	미나리아재비과
	(Ranunculaceae)
영명:	Persian buttercup
원산지:	남서아시아~유럽
개화기:	봄
원예분류:	추식구근
크기:	25~50cm
옮겨심기:	10월
(생육적온)	10~20℃

　아네모네의 근연종이지만 아네모네에는 없는 노란색과 오렌지색의 꽃이 있으며, 모아 심으면 생기있는 봄철 화단을 연출할 수 있다.

　속명은 라틴어로 "개구리"란 뜻으로, 이 속의 많은 종이 개구리가 사는 습지에 자생하고 있는 것과 연관이 있다.

✳ 기르기 포인트

　햇빛을 좋아한다. 그늘에서는 바로 웃자라서 꽃이 잘 부러진다. 시원한 기후를 좋아하기 때문에 실내에 두는 경우에도 통풍에 주의한다. 용토의 건조나 과습에 약하다. 물주기는 꽃과 잎에 닿지 않도록 주의한다. 꽃이 지면 부지런히 따 주고, 식물체를 깨끗하게 보호한다. 꽃이 완전히 진 후에도 물과 비료를 계속 주어 알뿌리를 충실하게 만든다.

철쭉류

봄의 절정을 알려주는 꽃나무

☀ ○ ❄❄❄ < pH

▶ Rhododendron: 그리스어 rhodo(장미, 붉은) + dendron(나무)

학명:	*Rhododendron* spp.
과명:	진달래과(Ericaceae)
영명:	Azalea
원산지:	북반구
개화기:	봄
원예분류:	화목

　이른 봄 진달래를 시작으로 5월까지 산과 들, 도심의 곳곳을 화려하게 수놓는 대표적인 화목류의 하나가 철쭉류이다. 잎보다 꽃이 먼저 달리는 진달래를 비롯하여 산철쭉, 철쭉꽃(철쭉나무) 등의 자생종과 수많은 원예종이 있으며, 원예종은 주로 겨울철에 실내에서 기르는 분화이다. 꽃이 지고 나면 진달래와 산철쭉을 구분하기가 쉽지 않은데, 잎 표면에 털이 나 있는 것이 산철쭉이다.

✳ 기르기 포인트

　물빠짐이 잘 되는 산성의 토양을 좋아한다. 석양이나 여름의 강한 햇빛에 약하다. 오전 중에만 햇빛이 잘 드는 곳이 적당하다. 화분에 심을 경우에는 봄부터 여름까지는 반그늘이 좋고, 그 이외에는 햇빛이 잘 드는 곳이 좋다. 고온다습에 약하지만 건조도 싫어하며, 공중습도는 높게 해 주는 것이 좋다. 흙 표면이 마르면 그때 물을 가득 준다. 한여름에는 잎에 물을 뿌리는 것도 필요하다. 화분에 심을 때 뿌리가 빽빽하게 되면 썩기 쉽기 때문에 깊은 화분을 사용한다. 건조하고 더울 때 응애가 발생하기 쉽다. 꺾꽂이로 번식한다.

로도히폭시스

6개의 꽃잎을 가진 귀여운 꽃

▶ Rhodohypoxis: 그리스어 rhodo-(붉은) + Hypoxis(근연속의 히폭시스)

학명:	*Rhodohypoxis baurii*
과명:	수선화과
	(Amaryllidaceae)
영명:	Rhodohypoxis baurii
원산지:	남아프리카
개화기:	봄
원예분류:	춘식구근
크기:	7~10cm
옮겨심기:	3월
(생육적온)	15~25℃

부드러운 털이 있는 짧은 잎 사이로 꽃대가 자라나 6개의 꽃잎을 가진 귀여운 꽃이 핀다. 야생초의 이미지를 갖고 있는 작은 알뿌리식물로 작은 화분에 심어도 좋지만 넓은 화분에 모아 심으면 더 아름답다.

✱ 기르기 포인트

햇빛이 잘 들고 물빠짐이 좋은 곳이 적당하고 생장력이 왕성하여 잘 번식한다. 건조시키면 생장이 나쁘게 되지만 과습하면 뿌리가 상하게 된다. 여름에는 반그늘에서 잎이 있는 동안에는 물이 부족하지 않도록 한다. 잎이 시들면 화분을 그대로 건조시켜 얼지 않을 정도로 월동시킨다. 이른 봄에 알뿌리를 파내고 어린 구들을 분리하여 심는다. 1구를 심으면 5~20개의 어린 구가 생긴다. 매년 분갈이를 해 주면 잘 번식한다.

장미

5월, 꽃의 여왕

▶ Rosa: 장미의 라틴명

학명:	*Rosa* spp.
과명:	장미과(Rosaceae)
영명:	Rose
원산지:	북반구의 아열대~온대
개화기:	여름
원예분류:	화목

　꽃의 여왕이라고 할 수 있는 장미. 현재 약 1만종의 원예품종이 있는 장미는 재배 역사 또한 오래되었다. 오랜 교배의 역사 중에서 가장 큰 공로자는 나폴레옹의 황후 조세핀이다. 19세기 초반 그녀는 파리 교외의 궁전에 세계에 있는 장미를 수집하여 인공교배를 실시했다고 한다. 처음에는 일년에 한 번 피던 장미가 중국 등 아시아 원종이 유럽으로 전해져 개량을 거듭한 결과 19세기에 접어들어 사계절 피는 품종이 등장하게 되었다. 꽃색은 최초에 빨강, 핑크, 흰색의 3가지였으나 거듭된 육종의 결과로 20세기 초에 노랑색, 오렌지색이 등장하였다.

◀ 미니장미(Rosa hybrida Mini Rose)

　햇빛이 부족한 것을 싫어하기 때문에 실내에서는 충분한 생장을 기대할 수 없다. 30℃ 이상의 온도에서는 생장이 둔화되고 꽃도 작게 된다. 꽃이 계속해서 피고 물주기의 양도 많기 때문에 덧거름을 반드시 주어야 한다. 꽃이 졌을 때 가지를 잘라 주면 1~2개월 후에 다시 꽃을 볼 수 있다. 매년 꽃을 보기 위해서는 1년에 한 번은 분갈이를 해 주어야 한다.

✽ 기르기 포인트

  화분에 심을 경우에는 물주기가 포인트이다. 용토의 건조를 싫어하기 때문에 흙이 마르면 물을 가득 준다. 매일 관리하는 것이 중요하다.

▼ 장미의 여러 품종

여름~가을

루드베키아

☀ ◌ ❄❄❄

해바라기를 축소해 놓은 듯한

▶ Rudbeckia: Olof Rudbeck(1630~1702)
▶ hirta: 털이 많은

학명:	*Rudbeckia hirta*
과명:	국화과(Compositae)
원산지:	북아메리카
개화기:	여름~가을
원예분류:	일년초, 다년초
크기:	30~90cm
종자뿌리기:	5월
(발아온도)	20~25℃
옮겨심기:	6월
(생육적온)	15~25℃

북아메리카에 자생하는 일년초 혹은 다년초로 선명한 노란색의 꽃이 인상적이다. 품종개량으로 높이 30cm 이하의 품종도 있고, 화단이나 분화, 절화로 이용되고 있다.

▼ 겹삼잎국화(*R. lancinata* var.*hortensis*)

✳ 기르기 포인트

내한성도 있고 아주 강건하지만, 여름의 고온다습에는 약하다. 햇빛이 잘 들고 물빠짐이 좋은 곳이면 자연적으로 떨어진 종자로 잘 번식된다. 비료는 적은 것이 좋다. 일·이년초라도 로젯트상태로 월동하여 다년초화 되는 경우가 많다. 꽃이 활짝 핀 후에 시들면 밑을 잘라 준다.

아프리칸바이올렛

1년내내 실내에서 꽃을 즐길 수 있는

▶ Saintpaulia: Walter von Saint Paul-Illaire(1860~1910),
  동아프리카에서 African violet을 처음 발견한 사람.
▶ ionantha: 보라색

학명:	*Saintpaulia ionantha*
과명:	제스네리아과
	(Gesneriaceae)
영명:	African violet
원산지:	탄자니아
개화기:	연중
원예분류:	다년초
크기:	5~20cm
옮겨심기:	연중가능
(생육적온)	16~25℃

    1892년에 최초로 발견된 이후 꾸준한 교잡과 변이종이 나타나고 있다. 겹꽃이나 풍차 모양으로 서로 다른 색이 나있는 2색종, 무늬종 등이 탄생하여 실내에서 꽃을 연중 볼 수 있는 화분으로 널리 이용되고 있다. 잎은 진한 녹색의 심장형 또는 원형으로 뿌리나 짧은 줄기에서 나와 둥글게 수평으로 돌려난다. 잎의 기부에서 올라오는 꽃은 보통 자주색에서 파란색 계통이 많으며, 파스텔 톤의 색을 가진 품종들도 있다.

✹ 기르기 포인트

    꽃을 피우고 잎의 생장을 위해서 햇빛이 직접 닿지 않는 창가와 같은 밝은 간접 광선 하에서 기른다. 광이 부족하게 되면 엽병이 길어지고, 잎은 작아지며 색이 진해지고, 위로 말리는 현상이 나타난다. 또한 광이 너무 많을 경우 잎과 꽃색이 퇴색된다. 광조건이 맞으면 대부분의 품종이 계절에 상관없이 연중 개화한다.

    생육적온은 16~25℃, 습도는 50~60%로 여름철에는 통풍이 잘 되는 시원한 곳에 둔다. 토양은 전용 토양을 이용하거나 배수가 잘 되는 펄라이트와 같은 인공 혼합 토양이 좋다.

샐비어

불타는 듯이 강렬한 붉은색의 꽃

▶ Salvia: 라틴어 salvus(safe, well, sound)에서 유래되었는데, "치유하다"라는 의미로, 약효를 가진 것으로 보인다.

학명:	*Salvia* spp.
과명:	꿀풀과(Labiatae)
영명:	Sage
원산지:	브라질
개화기:	여름
원예분류:	일년초, 다년초
크기:	30~100cm
종자뿌리기:	5월
(발아온도)	20~25℃
옮겨심기:	6월
(생육적온)	18~25℃

▲ *Salvia splendens*

샐비어라고 하면 불타는 듯이 붉은색의 꽃을 연상하는 경우가 많을 것이다. 이 것은 샐비어의 대표종인 *S. splendens*의 가장 일반적인 색이다. 그러나 최근에는 이 종에도 붉은색 이외에 핑크, 자주, 흰색 등의 품종이 조금씩 재배되고 있다. 또한 북미 원산의 *S. farinacea*도 시원한 담자색의 꽃색과 산뜻한 모양으로 인해 화단이나 플라워박스 등에 자주 이용되고 있다. 그 외에 따뜻한 지역에서 겨울에 지상부는 죽지만 밑부분은 살아 남는 숙근 샐비어가 최근에 도입되었는데, 적자색의 *S. leucantha*가 그 중의 하나이다.

✱ 기르기 포인트

햇빛이 잘 들고 물빠짐이 좋은 곳이 적당하다. 햇빛이 부족하면 웃자라고 꽃달림이 나쁘게 된다. 식물체가 뭉글어지지 않도록 통풍에 주의한다. 건조에는 약하기 때문에 물이 부족하지 않도록 한다. 비료를 좋아한다. 꽃이 진 후에 꽃송이를 잘라 주면 겨드랑이 눈이 자라나서 새로운 꽃이 핀다.

▼ *S. farinacea*

▼ *S. leucantha*

▲ *S. microphylla*

바위취

순식간에 토양표면을 뒤덮는 원형의 잎을 가진 자생식물

▶ Saxifraga: 라틴어 saxum(a rock), frango(to break), 암벽 사이에서 자라는 습성
▶ stolonifera: 포복줄기(stolon)

학명:	*Saxifraga stolonifera*
과명:	범의귀과 (Saxifragaceae)
영명:	Strawberry geranium, Strawberry begonia, Creeping sailor, Mother of thousands
원산지:	동아시아
개화기:	초여름
원예분류:	다년초

원형의 잎과 포복줄기, 원추화서로 직립하여 달리는 희고 작은 꽃은 공중걸이 분용으로 관상가치를 더욱 높여준다. 종명인 *stolonifera*는 포복줄기(stolon)라는 뜻으로, 모주에서 줄기가 뻗어 나와 그곳에서 새로운 포기가 생기는 습성을 나타낸다. 제라니움이나 베고니아와는 종류나 생육 특성이 전혀 다르지만 형태가 비슷하여 영명에 인용되었다.

잎은 원형 또는 심장형으로 가장자리에 거치가 있다. 크기는 약 10cm로, 잎 앞면은 녹색 바탕에 은색의 무늬가 있고 뒷면은 붉은색을 띤다. 꽃은 5월경에 높이 20~40cm의 꽃대에서 원추형으로 피며, 흰색 바탕에 분홍색 점무늬가 있다.

✳ 기르기 포인트

환경에 크게 구애받지 않고 비교적 잘 자란다. 내음성이 강한 편으로 어두운 실내에서도 잘 자라지만 꽃을 보거나 왕성한 생장을 위해서는 적절한 빛이 필요하다. 토양은 물빠짐이 잘 되는 양토가 좋고, 2~3개월에 한 번씩 비료를 준다. 분갈이는 매년 해 주거나 화분에 식물이 가득 차 있을 때 한다.

토양에 물이 많으면 잎이 노랗게 되므로 물주는 양이나 횟수를 줄인다. 습할 때 잎이 모여 있는 생장점에 잿빛곰팡이병이 발생할 수 있으므로 가능하면 잎에 물이 닿지 않도록 주의한다.

▶ *S. stolonifera* cv. Tricolor(Magic-carpet saxifraga)

무늬 품종으로 잎색은 진한 녹색과 회녹색, 크림색, 장미빛의 붉은색 등이 섞여 매우 아름답다. 생장력은 원종에 비해서는 약하여 무리를 지어 자라기까지는 많은 시간이 걸린다. 주로 작은 화분에 심어 기른다.

스케비오사

☀ ◊ < pH

*pincushion*에 옷핀을 꽂아 놓은 듯한

▶ Scabiosa: 라틴어 Scabies(옴)에서 유래.
같은 속 식물중에 피부병을 고치는 종류가 있다는 데서 기인함.

학명:	*Scabiosa* spp.
과명:	산토끼꽃과
	(Dipsacaceae)
영명:	Pincushion flower
원산지:	우리나라, 일본
개화기:	여름
원예분류:	일 · 이년초, 다년초
크기:	30~100cm
발아온도:	15~20℃
생육적온:	15~20℃

　우리나라에 자생하고 있는 솔체꽃(*Scabiosa mansenensis*)은 이년생 초화이지만 일반적으로 화단이나 분화로 재배되는 것은 유럽원산의 일년초이다. 초여름부터 가을에 걸쳐서 빨강, 핑크, 흰색의 꽃이 핀다. 최근에는 다년생 품종도 많이 만들어졌는데, 청색과 흰색을 위주로 한 상쾌한 색채로 꽃의 수명도 길어서 꽃꽂이 용으로도 이용된다. 꽃이 지면 꽃 부분이 부풀어 올라 마치 바늘겨레(pincushion)처럼 보여서 영명이 "Pincushion flower"이다.

✱ 기르기 포인트

　비교적 시원한 기후를 좋아하고, 햇빛이 잘 들고 물빠짐이 좋은 곳에서 기른다. 일년생 품종은 가을이나 이른 봄에 종자를 뿌린다. 다년생 품종은 2~4년에 한 번 봄에 포기나누기를 하여 심는다. 유럽 원산종은 산성토양을 좋아하지 않으므로 심을 장소에는 반드시 석회를 뿌려 중화시킨다.

게발선인장

게발 모양의 다육질 줄기 끝에 달리는 꽃

▶ Schlumbergera: Frederick Schlumberger(c. 1900), 벨기에의 원예가

학명:	*Schlumbergera* spp.
과명:	선인장과
	(Cactaceae)
원산지:	브라질
개화기:	겨울
원예분류:	다육식물
크기:	15~40cm
옮겨심기:	5월
(생육적온)	15~25℃

브라질 원산으로 줄기 마디의 길이가 2~4cm이고, 각 줄기 마디의 옆에 예리한 돌기가 있다. 겨울철에 꽃이 피며 빨강, 오렌지, 핑크색 등의 다양한 꽃을 실내에서 즐길 수 있다.

✱ 기르기 포인트

실내의 햇빛이 잘 드는 곳에 둔다. 꽃을 아주 많이 피게 하기 위해서는 여름까지 물과 비료를 충분히 주면서 생장을 촉진시킨 후, 가을이 되면 꽃눈이 분화하는 단계에 들어가므로 비료를 중지하고 물주기를 적게 하여 줄기의 생장을 멈추게 한다. 꽃은 줄기의 선단에서 생기며, 줄기의 생장이 계속되면 꽃눈이 생기지 않는다. 3℃ 정도에서 월동이 가능하지만, 급속한 온도나 습도의 변화에 약하여 꽃눈이 떨어지는 원인이 되므로 전열기 등에 주의한다. 꺾꽂이로 번식한다.

실 라

종 모양의 가련한 보라색 꽃

▶ Scilla: 그리스명 skilla(sea-squill, Urginea maritima)

학명:	*Scilla* spp.
과명:	백합과(Liliaceae)
영명:	Squill
원산지:	아프리카, 아시아, 유럽
개화기:	봄
원예분류:	추식구근
크기:	7~80cm
구근심기:	10월
(생육적온)	12~25℃

북반구에 약 100여 종이 분포하고 있으며, 추위에 강하여 기르기 쉬운 소형 구근이다.

✱ 기르기 포인트

햇빛이 잘 드는 장소를 좋아한다. 물빠짐이 좋은 토양에 다소 건조하게 유지하는 것이 요령이다. 하지만 흙이 완전히 마르지 않도록 주의한다. 잎과 줄기가 시들면 조심스럽게 알뿌리를 파내어 망에 넣고 통풍이 좋은 시원한 음지에서 건조시킨다. 몇 년은 심은채로 그냥 두어도 좋다.

시네라리아

큰 화관이 매력적인

▶ Senecio: 노인, 털이 많은 하얀 종자
▶ cruentus: 핏빛(의 꽃)

학명:	*Senecio cruentus*
과명:	국화과(Compositae)
영명:	Cineraria
원산지:	북아프리카,
	카나리아제도
개화기:	봄
원예분류:	다년초
크기:	15~40cm
종자뿌리기:	9월
(발아온도)	20℃
옮겨심기:	11월
(생육적온)	12~22℃

북아프리카 카나리아제도 원산의 다년초로 큰 화관이 매력적이다. 꽃색도 풍부하고 화분 가득히 꽃이 핀다. 내한성이 약하고 여름의 더위에도 약하기 때문에 우리나라에서는 가을에 종자를 뿌리면 일년생 화초로 주로 이른 봄의 분화식물로 이용한다.

✽ 기르기 포인트

햇빛이 잘 들고 물빠짐이 좋은 곳이 적당하며, 추위에 약하다. 햇빛이 부족하면 웃자라서 꽃 모양이 흐트러지고, 꽃색도 나빠지며 꽃도 오래가지 못하게 된다. 물이 부족해지지 않도록 주의하고, 따뜻한 날은 실외의 햇빛을 받도록 하는 것도 좋다. 월동온도는 5℃ 정도이지만, 난방으로 실내온도가 15℃ 이상이 되면 꽃이 오래가지 못한다.

시레네, 끈끈이대나물

진분홍색의 작은 꽃들이 바람에 흩날리는 모습이 아름다운

▶ Silene: 그리스의 Silenes(숲의 신, Bacchas의 양부)가 취하여 거품투성이가 된 모습에 비유. 점액성 물질을 분비하는 것에서 유래.

학명:	*Silene* spp.
과명:	석죽과
	(Caryophyllaceae)
영명:	Campion, Catchfly
원산지:	유럽
개화기:	여름
원예분류:	일 · 이년초
크기:	50cm

유럽 원산의 일이년초로서 높이가 50cm 정도이다. 전체에 분백색이 돌며 털이 없고 윗부분의 마디 밑에서 점액을 분비한다. 잎은 마주나고 잎자루가 없다. 꽃은 6~8월에 피며 지름은 1cm 정도로 자주색 또는 흰색이다. 원줄기 끝부분에서 가지가 갈라져 끝에 많은 꽃이 달리는데, 넓은 장소에 모아 기르면 바람에

흔들리는 붉은 물결이 아름답다. 자연적으로 떨어진 종자에 의해 발아되므로 잡초화에 주의한다.

✽ 기르기 포인트

강건하여 햇빛이 잘 들고 물빠짐이 좋은 장소에서 잘 자란다. 가을에 종자를 뿌려 번식시키는 것이 일반적이다.

시닝기아, 글록시니아

벨벳같이 윤택이 있는 원통형의 꽃

▶ Sinningia: Wilhelm Sinning(1794~1874)
▶ speciosa: 아름다운, 화려한

학명:	*Sinningia speciosa*
과명:	제스네리아과
	(Gesneriaceae)
영명:	Gloxinia, Violet
	Slipper gloxinia
원산지:	브라질
개화기:	여름
원예분류:	춘식구근
크기:	15~20cm
옮겨심기:	5월
(생육적온)	15~22℃

브라질 원산의 알뿌리식물로 이국적인 큰 꽃이 핀다. 크고 두꺼운 잎은 앞과 뒷면에 털이 있고, 잎 사이로 긴 꽃대를 내면서 몇 개의 꽃이 달린다. 꽃은 벨벳같이 윤택이 있고 꽃색도 풍부하며 가장자리에 테두리도 있다.

✱ 기르기 포인트

고온다습을 좋아하지만, 강한 햇빛에는 약하다. 실내의 밝은 반그늘 정도 햇빛에서 관리하면 좋다. 잎에 물이 묻으면 햇빛에 의해 잎이 타거나 병의 원인이 되므로 식물체 밑부분에 물을 주도록 한다. 실외에서 비를 맞는 것도 싫어한다. 가을이 되어 기온이 내려가면 건조시켜 겨울동안 휴면상태로 보내도록 한다.

예루살렘체리

가을철 주황색의 토마토와 같은 열매가 주렁주렁 달리는

학명:	*Solanum pseudocapsicum*
과명:	가지과(Solanaceae)
영명:	Jerusalem cherry
원산지:	유럽, 아시아, 아프리카
개화기:	가을(열매)
원예분류:	일 · 이년초

　가을부터 겨울까지 선명한 빨강 또는 노란색의 동그란 열매가 주렁주렁 달린다. 매우 산뜻한 빛깔이 사랑하게 되는 계절에 색을 더해 준다. 영명은 "이스라엘의 체리"라는 의미로, 크리스마스 시즌에 색이 드는 것과 열매를 체리에 비유한 것이다.

▼ 폭스훼이스(*S. mammosum*)

✳ **기르기 포인트**
　햇빛과 통풍, 물빠짐이 좋으며 비옥한 토양이 적당하다. 화분에서 기를 때 화분을 바로 땅에 놓으면 화분 밑으로 뿌리가 나오기 쉽다. 햇빛을 충분히 받으면 열매가 잘 열린다. 과습하지 않도록 물주기에 주의한다.

마다가스카르자스민

자스민 향기가 은은한 순백색의 별꽃

▶ Stephanotis: 그리스어 stephanotis(왕관을 만드는 데 이용되던 은매화-빙카)
▶ floribunda: 많은 꽃이 피는

학명:	*Stephanotis floribunda*
과명:	박주가리과
	(Asclepiadaceae)
영명:	Madagascar jasmine
원산지:	마다가스카르
개화기:	초여름
원예분류:	덩굴성화목

상록성 덩굴식물로 잎은 마주나며 광택이 있다. 봄부터 여름에 걸쳐 향기가 나는 순백색의 꽃이 피는데, 꽃 모양이 자스민과 닮아 Madagascar jasmine이라는 영명이 붙었다고 한다.

✹ 기르기 포인트

덩굴성으로 보통 화분에 지주를 세워 유도한다. 토질은 특별히 가리지 않는다. 지주를 모두 채워 무성하게 될 때까지 가끔씩 비료를 주어 덩굴의 신장을 촉진한다. 햇빛을 좋아하고 햇빛이 부족하면 봉오리가 달리지 않지만 한여름에는 차광을 하고 통풍이 잘 되도록 한다. 추위에 약하기 때문에 겨울에는 가온이 필요하다. 생장기에는 물을 자주 주어야 한다.

스트렙토카르프스

다즙질의 두툼한 잎과 반덩굴성 줄기 사이로 피는 연보라색 꽃

▶ Streptocarpus: 그리스어 streptos(twisted) + karpos(fruit),
열매가 나선상으로 비틀어지는 것에서 유래

학명:	*Streptocarpus* spp.
과명:	제스네리아과
	(Gesneriaceae)
영명:	Cape primrose
원산지:	남아프리카
개화기:	초여름
원예분류:	다년초
크기:	10~20cm
종자뿌리기:	9~10월
(발아온도)	15~20℃

　남아프리카를 중심으로 약 130여 종이 있으며, 유럽에서는 100년 이상에 걸쳐 재배되어 다채로운 교잡종과 원예품종이 만들어졌다. 학명은 그리스어의 "꼬여 있는"과 "열매"를 의미하는 단어로 이루어져 있는데, 열매가 나선형으로 꼬여 있는 것에서 유래된 것으로 보인다.

✻ 기르기 포인트

　물빠짐과 통기성이 좋은 토양이 적당하다. 강한 햇빛에 약하다. 여름의 고온기에는 통풍이 좋은 시원한 반그늘에서 관리한다. 봄이나 가을에도 약간 차광을 해주는 것이 좋다. 추위에 약하기 때문에 실내에서 관리한다. 월동온도는 10℃ 정도이다. 꽃이 진 것을 따주어 종자가 맺히지 않도록 하면 계속해서 꽃이 달린다.

매리골드

여름철 화단을 수놓는 공처럼 생긴 노란색 꽃

▶ Tagetes: 인명 Tages에서 유래

학명:	*Tagetes* spp.
과명:	국화과(Compositae)
영명:	Marigold
원산지:	아메리카
개화기:	여름
원예분류:	춘파일년초
크기:	30~100cm
종자뿌리기:	4~7월
(발아온도)	15~20℃
옮겨심기:	5~6월, 9월
(생육적온)	15~25℃

▲ 만수국(*Tagetes erecta*)

초여름부터 가을까지 꽃이 오랫동안 피기 때문에 화단이나 플라워박스, 화분 등에 널리 이용되고 있다. 종류는 크게 프렌치매리골드(French marigold, 공작초)와 아프리칸매리골드(African marigold, 만수국)가 있다. 프렌치매리골드는 길이가 30~40cm 정도로 낮고, 가지가 잘 갈라지며 작은 꽃이 계속해서 핀다. 가운데 부분이 불룩 솟은 모양의 꽃이 가장 많이 재배되고 있다. 아프리칸매리골드는 지름이 7~10cm의 큰 꽃으로, 높이가 1m에 다다른다. 그밖에 *Tagetes lucida*는 꽃꽂이용으로 이용되고 있다.

▲ 공작초(*Tagetes patula*)

✲ 기르기 포인트

햇빛을 좋아하여 강한 광선을 받을수록 잘 자란다. 과습한 토양을 싫어하므로 물주기에 주의해야 하며, 장마와 같은 긴 비에 맞지 않도록 한다. 한여름에는 통풍이 잘 되도록 하고, 그다지 고온이 되지 않도록 한다. 꽃이 지면 부지런히 따 주고, 너무 무성하게 된 것은 잘라 주면서 관리하면 가을이 끝날 때까지 꽃을 볼 수 있다.

▲ *Tagetes lucida*

툰베르기아, 아프리카나팔꽃

안쪽과 바깥쪽 색깔의 대조가 특이한 나팔 모양의 꽃

▶ Thunbergia: Carl Peter Thunberg(1743~1828)

학명:	*Thunbergia* spp.
과명:	쥐꼬리망초과
	(Acanthaceae)
원산지:	중남아프리카
개화기:	여름
원예분류:	일년초, 다년초
크기:	100~150cm
종자뿌리기:	5월
(발아온도)	15~20℃
옮겨심기:	6월
(생육적온)	15~25℃

    열대아프리카 원산의 덩굴성 상록 다년초로 대개 일년초로 취급되지만 15℃ 이상이면 다년초화 된다. 화살 모양의 잎은 마주나며, 잎겨드랑이에 지름 4cm 정도의 짙은 노란색 꽃이 달린다. 화분에 지주를 세워 아치 모양으로 만들거나 걸이용으로 이용하면 좋다.

✱ 기르기 포인트

    햇빛이 잘 들고 물빠짐이 좋은 곳이 적당하며 용토는 가리지 않는다. 봄에 종자를 뿌려 기른 다음, 5~6월이 되면 옮겨 심는다. 5~9월에는 실외에서 재배하고 햇빛이 잘 드는 실내나 온실에서 월동시킨다.

티보치나

부드러운 털로 덮인 단정한 잎과 대형의 진자주색 꽃

▶ Tibouchina: 원산지에서의 일반명

학명 :	*Tibouchina urvilleana*
과명 :	산석류과
	(Melastomataceae)
영명 :	Glory bush,
	Rincess flower
원산지 :	멕시코
개화기 :	가을
원예분류 :	화목

브라질 원산으로 주로 화분에 심어 이용하는 꽃보기 나무이다. 가을에 보라색 꽃이 피며, 하나의 꽃은 하루만에 시들어버린다.

✳ 기르기 포인트

햇빛이 잘 들고 물빠짐이 좋은 곳이 적당하다. 햇빛이 부족하면 꽃색이 나쁘게 된다. 생장기인 봄부터 여름 사이에는 물과 비료를 부족하지 않도록 주어야 하지만, 꽃봉오리가 달리는 시기에는 물과 비료를 삼가하여 꽃달림이 좋도록 한다. 꽃이 진 가지를 빨리 따내 주면 겨드랑이 눈이 빨리 자라게 되어 다음 꽃이 빨리 필 수 있다. 추위에 약하기 때문에 겨울에는 실내에 들이고 5℃ 이상에서 다소 건조하게 월동시킨다.

틸란드시아

분홍색의 아름다운 꽃대와 그 사이에서 피는 3장의 보라색 꽃임

▶ Tillandsia: Elias Til-Landz(d. 1693), 스웨덴의 식물학자
▶ cyanea: 청색의

학명:	*Tillandsia cyanea*
과명:	파인애플과 (Bromeliaceae)
원산지:	열대아메리카
개화기:	연중
원예분류:	다년초

　원산지에서는 나무등걸에 붙어서 자라는 착생식물로 주로 공중걸이분에 심어 아름다운 꽃대를 감상하기 위해서 이용한다. 잎은 길이 30cm, 폭 1cm 정도로 다소 두껍고 가장자리가 안쪽으로 말려 있다. 꽃대는 잎의 기부에서 올라오며 분홍색의 포엽 사이에 보라색의 꽃이 밑에서부터 피나 오래가지 않는다. 꽃대는 1개월 이상 유지된다. 습도가 높은 곳에서 생육이 좋고 꽃도 잘 핀다.

✻ 기르기 포인트

▲ 포기나누기

　실내의 밝은 반음지에서 기른다. 물은 위에서 뿌려주어 잎과 잎 사이의 홈에 고였다가 서서히 토양에 공급되도록 한다. 추운 겨울철을 제외하고는 월 1~2회 액체비료를 준다. 겨울철에는 최저 3℃ 이상을 유지시켜 주어야 한다. 심각한 병·해충은 없다. 뿌리에서 올라온 포기를 나누어서 번식한다.

토레니아

금붕어를 연상시키는

▶ Torenia: Olof Toren(1718~1753)
▶ fournieri: Pierre Nicolas Fournier(1834~1884), 프랑스의 식물학자

▲ *T. fournieri* cv. Crown Violet

학명:	*Torenia fournieri*
과명:	현삼과
	(Scrophulariaceae)
영명:	Bluewings
원산지:	베트남
개화기:	여름
원예분류:	춘파일년초
크기:	20~30cm
종자뿌리기:	5~6월
(발아온도)	20~25℃
옮겨심기:	6~7월
(생육적온)	15~25℃

　베트남 원산의 일년초로, 지름이 3cm 정도인 꽃이 초여름부터 가을까지 지속적으로 핀다. 재미있는 것은 암술의 반응으로, 두 갈래로 갈려져 있는 선단이 자극을 가하면 서서히 닫힌다.

✽ 기르기 포인트

　햇빛을 좋아하며 햇빛이 부족하면 꽃 수가 감소한다. 종자는 호광성이므로 뿌린 뒤에 흙을 덮을 필요가 없다. 발아온도는 25℃이다. 습한 곳을 좋아하고 건조를 싫어하기 때문에 흙이 건조하지 않도록 물을 많이 준다. 특히 여름에는 물이 부족하지 않도록 주의한다. 꽃 피는 기간이 길기 때문에 비료가 필요하지만 특히 질소성분이 많으면 웃자라서 넘어지곤 한다. 손질을 하지 않아도 가을까지 꽃을 즐길 수 있다.

▼ *T. fournieri* cv. Panda Rose

자주달개비

싱그러운 보라색 꽃

☀ ◇ ❋❋❋

▶ Tradescantia: John Tradescant senior의 이름을 인용.
▶ reflexa: 뒤로 젖혀진

학명:	*Tradescantia reflexa*
과명:	닭의장풀과
	(Commelinacea)
영명:	Spiderwort
원산지:	북아메리카
개화기:	초여름
원예분류:	다년초
크기:	50cm

　북아메리카 원산의 다년초로 여러 줄기가 모여 난다. 높이가 50cm 정도이고, 지름 1cm 정도의 원줄기는 둥글고 푸른빛이 도는 녹색이다. 5월경부터 가지 끝에서 꽃이 피는데 가는 꽃대에 모여 달리며 자줏빛이 돌고 하루만에 꽃이 진다. 닭의장풀에 비하여 꽃의 색이 짙기 때문에 자주달개비라 한다.

▼ 닭의장풀(*Commelina communis*)

✱ 기르기 포인트

　햇빛이 잘 들고 물빠짐이 좋은 곳이 적당하다. 햇빛이 부족해도 생장은 하지만 꽃달림이 나빠진다. 생장이 특별히 나쁜 경우 이외에는 비료를 주지 않아도 좋다.

초여름

☀ ◆ ❄❄

빨간토끼풀

붉은색의 작은 꽃이 줄기 끝에 무리지어 피는

▶ Trifolium: 라틴어 tri(3) + folium(잎)
▶ incarnatum: 살색의

학명:	*Trifolium incarnatum*
과명:	콩과(Leguminosae)
영명:	Crimson clover
원산지:	유럽
개화기:	초여름
원예분류:	다년초
크기:	50~60cm
종자뿌리기:	9월
(발아온도)	20℃
옮겨심기:	4월
(생육적온)	15~25℃

　원래는 목초로 이용하였으나 그 중에 꽃이 아름다운 것이 관상용으로 선발되어 지피식물, 분화, 절화로 이용되고 있다.

✽ 기르기 포인트

　햇빛이 잘 드는 습한 곳을 좋아한다. 원래는 다년초이지만 고온에 약해 일이년초로 기른다. 가을에 종자를 뿌려 추위를 충분히 받지 못하면 꽃이 피지 않는다. 그러나 겨울에 얼면 죽어버리므로 주의해야 한다.

한련화

작은 연꽃 모양의 잎 사이로 오렌지색 꽃이 피는

▶ Tropaeolum: 그리스어 tropaion(트로피, 전승기념품)에서 유래
▶ majus: (보다) 큰

학명:	*Tropaeolum majus*
과명:	한련과
	(Tropaeolaceae)
영명:	Garden nasturtium
원산지:	페루, 콜롬비아
개화기:	여름
원예분류:	일년초
크기:	20~40cm
종자뿌리기:	4~5월
(발아온도)	15~20℃
옮겨심기:	5월, 9월
(생육적온)	15~22℃

연을 닮은 윤이 나고 아름다운 원형의 잎이 달린다. 초여름부터 가을까지 땅을 기면서 길게 줄기를 뻗고 오렌지나 노란색 꽃이 핀다. 화단이나 지피식물로 이용되며, 최근에는 걸이용이나 플라워박스에도 많이 이용되고 있다. 또한 잎과 꽃, 미성숙 열매에는 독특한 신맛이 있어 허브나 식용으로도 이용한다.

✸ 기르기 포인트

햇빛이 잘 들고 물빠짐이 좋은 곳이 적당하다. 비료를 너무 많이 주면 잎만 무성하게 된다. 메마른 땅이 좋고 질소성분이 많은 비료는 삼가한다. 더위와 추위에 다소 약하다. 여름에는 통풍이 잘 되는 반그늘에 두고, 겨울에는 실내에 들여놓는다.

튤립

세계적으로 사랑받고 있는 봄에 피는 알뿌리식물의 대표

☀ ◇ ❋❋❋

▶ Tulipa: 터키어 tulbend(두건, turban)이 라틴어화 된 것.

학명:	*Tulipa* spp.
과명:	백합과(Liliaceae)
영명:	Tulip
원산지:	중앙아시아, 터키, 지중해 연안
개화기:	봄
원예분류:	추식구근
크기:	20~70cm
옮겨심기:	11월
(생육적온)	10~20℃

봄에 피는 알뿌리식물을 대표하는 것으로, 화단에 심는 것 외에 분화, 절화용으로 폭넓게 이용되고 있다. 원산지는 중앙아시아에서부터 터키, 지중해 연안에 걸쳐 100~150여 종이 자생하고 있다. 16세기 유럽에 소개된 이후 많은 품종개량을 통해 현재의 화려한 원예품종들이 탄생되었다.

✱ 기르기 포인트

햇빛이 잘 들고 물빠짐이 좋으며, 여름은 건조하고 겨울은 습윤한 곳이 적당하다. 생장기부터 꽃이 필 때까지는 비료가 전혀 필요없다. 추위를 충분히 받지 못하면 꽃눈이 생장하지 않기 때문에 실내에서 관상하기 위해 들여놓을 때는 시기를 잘 맞추어야 한다. 여름에 잎이 시들면 알뿌리를 파내어 건조한 곳에서 보관한다.

▼ 튤립의 알뿌리

▼ 튤립의 여러 품종

반 다

꽃받침과 꽃잎 모양이 같은 파란색의 특이한 난과식물

▶ Vanda: 착생란의 산스크리트 이름

학명:	*Vanda* spp.
과명:	난과 (Orchidaceae)
영명:	Vanda
원산지:	동남아시아
개화기:	여름
원예분류:	난과식물

　동남아시아를 중심으로 열대나 아열대 지역에 약 40종이 분포하며, 난과식물에서는 보기 드물게 청색 꽃이 피는 야생종이 있는 것으로도 유명하다. 학명은 산스크리트어로 착생란을 의미하는데 나무 가지 등에 착생하여 두꺼운 뿌리를 휘감아 나무껍질로부터 양분을 흡수하여 자라는 성질로부터 유래하였다.

✳ 기르기 포인트

　시판되고 있는 화분은 매달아서 재배하던 것을 뿌리를 둥글게 말아서 화분에 넣은 경우가 많다. 용토를 사용하지 않고 용기에 넣어 뿌리를 노출시킨 상태로 매달아서 기른다. 햇빛을 좋아하지만 잎이 타지 않도록 강한 햇빛은 차광을 한다. 여름에는 실외의 반그늘에서 기른다. 물은 뿌리가 흰색이 되면 충분히 준다. 가을부터 봄까지는 실내에 들여 놓고 15~18℃ 정도에서 관리한다. 물은 이틀에 한 번 정도로 준다.

버베나

줄기 끝에 작은 꽃이 모여 피는 모양이 사랑스러운

▶ Verbena: 의식이나 약용으로 사용되는 잎들의 라틴명
▶ hybida: 교잡종

학명:	*Verbena hybrida*
과명:	마편초과
	(Verbenaceae)
영명:	Vervain
원산지:	중남미
개화기:	초여름
원예분류:	일년초, 다년초
크기:	10~20cm
종자뿌리기:	9월
(발아온도)	15~20℃
옮겨심기:	4월
(생육적온)	15~25℃

중남미 원산으로 줄기 끝에 작은 꽃이 모여 피는 모양이 사랑스럽다. 봄부터 가을까지 계속 꽃이 피고, 여름의 더위에도 견디는 강건한 꽃이어서 화단이나 분화식물로서 폭넓게 이용되고 있다. 옛날 유럽에서는 "성스러운 풀"로 아주 귀하게 여겨졌다. 이후 경사스런 일이나 의식 등 종교적으로 의미가 깊은 꽃으로서 평화의 상징으로 이용되어 왔다.

✹ 기르기 포인트

햇빛이 잘 들고 물빠짐이 좋은 곳이 적당하다. 햇빛이 잘 들지 않으면 꽃이 피지 않고, 잎과 줄기가 시들어 버리므로 실내에서 기르는 것은 좋지 않다. 생장기간이 길기 때문에 유기질이 풍부한 토양이 적당하다. 덧거름도 필요하다.

빈카

바람개비 모양의 연보라색 꽃이 피는

▶ Vinca: 묶다, 덩굴성 줄기를 비유
▶ major: 보다 큰

학명:	Vinca major
	cv. Variegata
과명:	협죽도과
	(Apocynaceae)
영명:	Periwinkle
원산지:	남부유럽~북아프리카
개화기:	연중
원예분류:	화목
크기:	100cm

남부유럽에서부터 북아프리카 원산의 관목성 식물이다. 포기 밑에서부터 다수의 줄기가 나와 지면을 덮는다. 꽃이 달리지 않는 줄기는 1m 이상 자라지만 꽃이 달리는 줄기는 40~50cm 정도로 자색의 5장 꽃잎을 가진 꽃이 달린다. 잎은 광택이 있고 가장자리에 노란색 테두리가 있어 꽃이 없어도 아름답다. 지피식물이나 걸이용으로 많이 이용된다.

✽ 기르기 포인트

반그늘에서도 잘 자라는 튼튼한 초화이다. 약간의 내한성이 있어 제주도와 같은 따뜻한 곳에서는 지피식물로 이용이 가능하지만, 일반적으로는 실내에서 월동시킨다.

팬지, 비올라

봄철 화단식물의 대표주자

※ ◆ ❄❄

▶ Viola: 보라색의

학명:	*Viola* spp.
과명:	제비꽃과
	(Violaceae)
영명:	Violet
원산지:	북유럽, 아시아
개화기:	봄
원예분류:	추파일년초
크기:	10~15cm
종자뿌리기:	8~9월
(발아온도)	15~20℃
옮겨심기:	10월
(생육적온)	5~20℃

　꽃이 적은 초봄의 화단과 플라워박스의 주역이 되는 것이 팬지이다. 화색이 풍부하기 때문에 매우 다채롭다. 화단에는 꽃색이 특히 다채로운 중대형의 품종이 애용되고 있다.

　최근에는 꽃폭이 2~4cm로 작고 강건하여 기르기 쉬운 소형 계통인 *Viola* × *wittrockina*가 화단의 테두리나 걸이용으로 이용되고 있다. 일반 팬지와 비교해서 꽃색은 덜 화려하지만 원종에 가까운 소박한 맛이 있어 최근에는 보통 팬지 이상의 인기가 있다. 꽃이 많이 피는 성질을 갖고 있고 오랫동안 지속되며 비를 오랫동안 맞아도 꽃잎의 상처가 적기 때문에 여러가지 용도로 사용되고 있다.

✳ 기르기 포인트

　꽃이 핀 모종을 구입해서 시작하는 것이 일반적이다. 남부지방처럼 따뜻한 곳에서는 화단에 일찍 심는 것이 가능하지만 보통 3~4월에 접어들어 심는 것이 좋다. 화단에 심을 경우는 15~20cm 간격으로 심고, 플라워박스에 모아 심을 경우는 보다 빽빽하게 심는다. 실내나 햇빛이 나쁜 곳은 웃자라기 쉽고 꽃달림이 나쁘게 된다. 생장기간이 길기 때문에 비료가 부족하지 않도록 주의한다.

▼ *Viola* × *wittrockina*의 여러 품종

실유카

여름에 흰색 꽃이 탐스럽게 피는

▶ Yucca: 카사바(cassava)의 카리브(Carib)명
▶ filamentosa: 실 모양의

학명:	*Yucca filamentosa*
과명:	용설란과
	(Agavaceae)
영명:	Adam's-needle,
	Needle palm
원산지:	북아메리카
개화기:	여름
원예분류:	다년초
크기:	50~180cm

　　북아메리카 원산의 용설란과 식물로 잎은 칼 모양으로 회녹색이며 가장자리에 실같은 것이 있다. 꽃대는 처음에는 굽어 있지만 자라면서 곧게 서게 되고, 흰색의 꽃이 원추화서를 이룬다.

▼ *Y. aloifolia*

✱ **기르기 포인트**

　　햇빛을 좋아하고, 강건한 성질로 쉽게 기를 수 있다. 건조에도 매우 강하다. 포기나누기로 번식시킨다.

칼 라

마치 종이를 말아 만든 조화 같은 포엽을 가진

▶ Zantedeschia: Francesco Zantedeschi, 이탈리아의 식물학자

학명:	*Zantedeschia* spp.
과명:	천남성과(Araceae)
영명:	Calla, Calla lily
원산지:	남아프리카
개화기:	여름
원예분류:	춘식구근
크기:	30~60cm
옮겨심기:	5월
(생육적온)	15~25℃

산뜻한 모양과 향기에서 풍기는 신성한 이미지를 갖고 있는 칼라. 메가폰 모양의 부분은 꽃잎처럼 보이지만 사실은 포(苞)이며, 그 중심에 봉처럼 생긴 육수화서에 꽃이 아주 많이 달린다. 칼라라는 이름은 천주교 수녀의 깃 모양과 닮은 것에서 유래되었다.

✽ 기르기 포인트

습지에 적당한 종과 약간 건조한 토양을 좋아하는 종이 있어 각각 취급방법이 다르다. 약간 건조한 토양을 좋아하는 종은 물빠짐이 좋은 반그늘의 비옥한 토양을 좋아하는데 표면이 마르면 물을 준다. 습지에 적당한 종은 햇빛이 잘 들고 습한 비옥한 토양을 좋아하기 때문에 하루에 한 번 정도 물을 준다. 온도가 낮아지면 지상부는 시들고 휴면에 들어간다. 알뿌리를 파내거나 화분에 그대로 건조시켜 월동시킨다.

제피란서스

여름에 긴 잎 사이에서 피는 상큼한 꽃이 아름다운

▶ Zephyranthes: 그리스어 zephyros(서쪽바람) + anthos(꽃)

학명:	*Zephyranthes* spp.
과명:	수선화과
	(Amaryllidaceae)
영명:	Zephyr lily, Rain lily
원산지:	서반구의 난습지
개화기:	여름
원예분류:	춘식구근
크기:	10~25cm
구근심기:	4월
(생육적온)	15~25℃

▲ *Zephyranthes grandiflora*

옛날부터 재배되어 온 백색 꽃의 *Zephyranthes candida*와 분홍색의 *Z. grandiflora*가 대표적이다. 학명은 그리스어의 '서쪽 바람'과 '꽃'의 합성어로, 유럽에서 보았을 때 서반구에 자생하는 식물이라는 것에서 유래되었다.

▲ 흰꽃나도사프란(*Z. candida*)

✽ 기르기 포인트

튼튼하고 왕성하게 자란다. 햇빛이 잘 드는 곳을 좋아하고, 비옥한 토양이 적당하다. 땅을 깊이 갈아서 통기가 좋도록 한 다음 알뿌리를 얕고 빽빽하게 심으면 아름답다. 추위에 약한 종류의 경우에는 겨울에 짚이나 흙으로 덮어서 얼지 않도록 한다. 한 번 심으면 몇년은 그대로 두는 것이 좋고, 식물체가 너무 빽빽하게 되어 꽃이 자리잡기 어렵게 되면 알뿌리를 파내어 나누어준다.

백일홍

두툼한 꽃잎 안쪽으로 별 모양의 노란색 꽃잎 다섯 장을 가진

▶ Zinnia: Johann Gottfried Zinn(1727~1759)
▶ elegans: 우아한

학명:	*Zinnia elegans*
과명:	국화과(Compositae)
영명:	Common zinnia, youth-and-old-age
원산지:	멕시코
개화기:	여름
원예분류:	춘파일년초
크기:	30~100cm
종자뿌리기:	5~7월
(발아온도)	18~23℃
옮겨심기:	6월, 9월
(생육적온)	15~25℃

"백일홍"이란 이름처럼 꽃이 상당히 오래가고 초여름부터 늦가을까지 계속 피기 때문에 화단이나 플라워 박스 등에 심어 이용되고 있다. 원산지는 멕시코의 고원지대로 18세기 유럽에 전해져 개량이 진행된 결과 오늘날과 같이 크고 색이 풍부한 품종이 육성되었다.

✱ 기르기 포인트

햇빛이 잘 들고 물빠짐이 좋은 곳이 적당하고, 토질은 가리지 않는다. 저온에 약하기 때문에 너무 빨리 종자를 뿌리지 말고 15℃를 넘으면 그때 뿌리는 것이 좋다. 오랫동안 비를 맞지 않는 것이 좋다.

▼ 좁은잎백일홍(*Z. angustifolia*)

꽃이 있는 시간 속으로

분화 및 화단식물의 분류

  분화 및 화단식물은 화려한 꽃이 아름다워 기르며 감상하는 식물로 집의 정원이나 창가, 도심의 가로와 화단에 심겨져 우리의 눈을 즐겁게 한다. 잎을 주로 감상하는 관엽식물과는 달리 꽃을 주로 감상하는 식물은 비교적 많은 햇빛이 필요하다. 따라서 실내에서 자연의 숨결을 전해주는 식물이 관엽식물이라고 한다면 바깥에서 우리들에게 자연의 아름다움을 전해주는 것은 분화 및 화단식물이라고 말할 수 있다.

  여름의 무더위와 겨울의 강한 추위가 있는 우리나라에서는 유럽이나 아프리카, 아메리카 등 기후가 다른 지역 원산의 식물들이 자라기에 적합하지 않은 경우가 많다. 일반적으로 추위에 강한 식물은 화단에 심어 관리하고, 추위에 약한 식물들은 화분에 심어 실내에 들여 놓고 겨울을 보내는 것이 일반적이다.

  분화 및 화단식물은 그 식물학적·원예적 특성에 따라 여러 가지로 분류되는데, 그러한 분류와 특성을 대략적으로 이해한다면 식물 기르기가 쉬워질 것이다.

① 일이년생 초화류(一二年生草花類, 한두해살이화초)

  씨를 뿌리면 싹이 터서 꽃이 피고 열매를 맺는 일련의 과정이 1년 이내에 끝나는 식물을 일년생 초화류라고 한다. 일년생 초화류는 대부분 꽃이 화려하고 동시에 피기 때문에 화단이나 용기에 심어 감상한다.

  일년생초화류는 다시 씨를 뿌리는 시기에 따라 춘파일년초와 추파일년초로 구분된다. 춘파일년초(春播一年草)란 봄에 씨를 뿌려 그 해에 꽃이 피고 열매를 맺는 종류로 페튜니아, 샐비어, 매리골드, 코스모스 등이 있다. 추파일년초(秋播一年草)는 가을에 씨를 뿌려 화단, 온실 등에서 어린 싹의 상태로 겨울을 난 뒤 이듬해 봄에 꽃을 피우며 생장하는 초화류로 팬지, 프리뮬러, 데이지 등이 있다.

  이년생 초화류는 봄에 씨를 뿌린 다음 그 해를 넘기고 이듬해에 꽃을 피우며 열매를 맺은 후 죽는 것을 말하는데 물망초나 접시꽃 등이 있다.

페튜니아

팬지

물망초

② 다년생 초화류(多年生草花類, 여러해살이화초)

씨를 뿌린 뒤 2년 이상 기를 수 있는 초화류로 겨울이 되면 땅 위의 잎과 줄기는 말라 죽지만 땅속의 뿌리는 살아남아 생육을 계속하는 초본성 화훼류를 말하며, 숙근초(宿根草)라고도 한다. 추위에 견디는 정도에 따라 화단에서 기를 수 있는 식물과 실내에서 길러야 하는 식물로 나눈다.

우리나라의 추위에 약한 초화류는 열대 원산인 군자란, 임파치엔스, 제라니움 등이 있고 추위에 강한 초화류는 숙근플록스, 루드베키아, 금계국, 옥잠화, 작약 등이 있다. 다년생 초화류는 다시 구근식물, 다육식물과 선인장류, 난과식물, 허브 식물, 화목류로 나누어 설명할 수 있다.

군자란

임파치엔스

숙근플록스

③ 구근식물(球根植物, 알뿌리식물)

구근식물은 다년생 초화류의 일종으로 식물체의 잎, 줄기, 뿌리 중의 일부가 지하에서 비대해져 알뿌리가 된 초화류를 말한다. 구근식물의 알뿌리는 양분의 저장 기관으로 화훼원예에서는 번식수단으로 주로 이용된다.

또한 구근식물은 추위에 견디는 내한성(耐寒性)의 정도에 따라 구근을 심는 시기가 봄과 가을로 달라지는데, 봄에 심으면 춘식구근(春植球根), 가을에 심으면 추식구근(秋植球根)이라고 한다. 내한성이 강한 튤립이나 수선화, 크로커스 등은 가을에 심어 봄에 꽃을 보고 여름에 거두어 들인다. 반면 우리나라의 겨울철 추위를 견디지 못하는 칸나, 다알리아, 나리(백합) 등은 봄에 심어 여름에 꽃을 보고 가을에 거두어 들인다.

튤립

칸나

다알리아

④ 다육식물과 선인장류

줄기나 잎에 많은 수분을 함유하고 있는 식물을 다육식물(多肉植物)이라 하고, 그 중 가시가 있고 비대된 줄기가 아름다운 식물을 선인장류라 한다. 이들의 원산지는 주로 고온 건조한 지역이므로 건조에 상당히 강하며, 식물에 따라 특이한 줄기 혹은 화려한 꽃이 관상가치가 있어 실내에서 화분으로 가꾸는 경우가 많다.

칼랑코에, 공작선인장, 게발선인장 등과 자생식물인 꿩의비름, 돌나물, 기린초 등이 있다.

칼랑코에

게발선인장

기린초

⑤ 난과식물

난과식물은 원산지에 따라 열대산(양란)과 온대산(동양란)으로 구분할 수 있으며, 전세계적으로 약 30,000여 종이 자생하고 있다.

난 꽃은 그 형태의 아름다움뿐만 아니라 수명이 다른 종류에 비해 길고 독특한 향기가 있어 관상가치가 매우 높다.

우리나라에서는 각종 행사의 선물용으로 꽃이 크고 화려한 양란을 많이 이용하고 있으나, 가정에서 기르는 것은 단아하고 고귀함이 풍기며 향기가 있는 동양란을 더 선호하고 있다. 난과식물은 뿌리가 자라나는 습성에 따라 땅속에 뿌리를 내리고 자라는 지생란(地生蘭)과 나무 위나 바위에 붙어 고착생활을 하는 착생란(着生蘭)으로 나누기도 한다.

춘란

심비디움

한란

6 허브식물

잎이나 줄기가 식용과 약용으로 쓰이고 향이 있는 초본식물을 허브(herb)라고
한다. 그러나 최근에는 '꽃과 종자, 줄기, 잎, 뿌리 등이 약, 요리, 향료, 살균, 살충
등에 사용되는 인간에게 유용한 모든 초본식물'을 허브라고 한다. 즉, 허브식물은
식용으로의 이용뿐만 아니라 몸의 상태를 조절하는 치료적인 기능과 함께 요리나
피부미용 등의 일상생활에서도 유용하게 이용된다.

허브는 일반적으로 햇빛이 충분히 들고 통풍이 잘 되며 배수가 좋은 생육환경
을 제공해 주면 건강하게 잘 키울 수 있다. 허브식물로는 로즈마리, 라벤더, 백리
향(타임), 바실, 자스민, 민트류, 레몬밤, 제라니움, 파인애플세이지 등이 있다.

로즈마리

라벤더

타임

7 화목류(花木類, 꽃나무)

주로 꽃이나 잎, 과실을 감상하는 식물로 겨울철에 월동 가능한 식물을 정원에
심어 즐긴다. 추위에 약한 치자나무나 동백나무는 화분에 심어 겨울에 실내에서
기르는 경우도 있다.

온대 원산의 식물은 보통 개화 전년도에 꽃눈이 형성되어 그 다음해 봄에 꽃이
피고, 열대산 화목류는 그 해 자라난 가지에서 꽃이 핀다.

부겐빌레아

하와이무궁화

장미

식물이 자라는 환경

녹색의 식물을 보고 기분이 온화해지고 안정되는 것은 녹색의 지구에서 긴 역사를 살아 온 동물로서의 사람이 먹거리와 물과 안전을 식물로부터 구하면서 살아왔다는 증거이다. 이처럼 식물은 사람이 살고 있는 곳에서부터 사람이 살기 힘든 극한의 남극, 사막 등에 이르기까지 자라고 있다.

이러한 식물들은 그냥 자라고 있다고 무심코 보여지지만, 실제로는 물과 양분을 흡수하고 빛을 받아 광합성을 하고 세포분열을 반복하여 줄기와 뿌리를 신장시켜 가면서 매일매일 자라고 있는 것이다. 즉, 식물 자체가 가진 유전정보를 이용하여 독자적으로 살아가고 있는 것이다.

사람이 식물을 기른다고 하는 것은 사람의 의지대로 만드는 것이 아니라 식물이 잘 자라도록 옆에서 도와주는 것이다. 이러한 과정을 통해 사람은 자기 이외의 다른 개체, 즉 남을 이해하게 되고 사회적으로 성장해 가는 것이다.

자, 그러면 어떻게 하면 식물이 잘 자라도록 도와 줄 수 있을까?

우리가 기르는 식물들은 원래는 자연에서 자라던 식물이므로 그 식물이 원래 자라던 곳, 즉 원산지의 자연환경을 그대로 재현해 주는 것이 최선일 것이다. 그러나 실제로 그것이 불가능하기 때문에 될 수 있으면 튼튼하게 자랄 수 있는 적당한 환경을 제공해 주는 것이다. 다시 말하면, 햇빛과 온도, 습도 등의 적당한 환경을 주고, 물과 양분을 알맞게 주는 것이 기르기의 첫걸음이 된다.

먼저, 기르는 식물이 어느 정도 햇빛을 좋아하는지, 더위와 추위에는 어느 정도 좋아하고 견딜 수 있는지, 또한 건조나 과습에 어느 정도 견딜 수 있는지 등을 아는 것이 중요하다. 그 후에 식물을 심을 장소를 결정하거나 화분을 놓을 장소를 선정한다.

분화 및 화단식물, 즉 꽃보기 식물은 대부분이 햇빛을 좋아한다. 그 중에는 우리나라의 여름철 더위를 싫어하는 식물도 있기 때문에 여름철에는 반그늘에서 보내도록 한다. 또한, 대부분 식물의 생육적온은 20~25℃ 정도이다. 장마철 고온다습한 경우에는 웃자라고 연약해지며, 반대로 온도가 낮은 늦가을에서 겨울에는 생장을 멈추고 시들어버린다. 그리고, 공기가 너무 건조하면 피해를 입는 식물이 많기 때문에 경우에 따라서는 분무기나 가습기를 이용하여 공중습도를 높여줄 필요도 있다.

빛

여름철의 차광

우리나라는 여름철이 고온다습하기 때문에 많은 식물들에 있어 쾌적한 환경이 아니다. 따라서 통풍이 좋은 반음지로 옮기거나 차광막을 씌워 가능하면 시원한 상태로 만들어 주는 것이 좋다. 차광막을 설치할 때는 서쪽 햇빛 즉, 석양은 받지 않도록 완전히 가려주고 반대로 동쪽은 아침 햇빛을 충분히 받도록 열어 놓는다. 차광막은 바람이 잘 통하는 30% 정도의 한랭사를 이용하면 좋고, 바닥도 땅의 온도를 직접 받지 않도록 화분을 조금 올려서 놓도록 한다.

실내에서 식물을 놓는 위치

실내에서 식물을 기를 때는 그 장소의 햇빛과 통풍 정도를 확실히 알 필요가 있다. 또한 식물을 기르기 위해서는 물을 주는 것은 물론이고 적당한 공중습도도 필요하다. 만약 너무 건조하게 되면 분무기를 이용하여 잎에 물을 뿌려 주어야 하며 적당한 공기의 흐름도 중요하다. 통풍이 좋지 못하면 잎으로부터의 증산작용이 적게 되어 생장이 느리게 되고, 식물체나 뿌리가 약해져서 생각지 못한 병의 원인이 되기 때문에 주의가 필요하다.

양지
남향의 창문이면 하루종일, 동향의 창문이면 오전중, 서향의 창문이면 오후 몇시간 동안 직사광선이 비치는 창으로부터 1m 이내의 장소이다. 그러나 창에 너무 가까우면 낮 동안에는 햇빛을 잘 받아서 좋으나 밤에는 급속히 온도가 내려가므로 특히 겨울철에는 온도차에 주의해야 한다.

반그늘
창으로부터 1~1.5m 이내의 밝은 장소를 말한다. 또한 엷은 커튼이나 블라인드 등으로 직사광선을 차단하여 부드럽게 만든 부분도 반그늘이라고 할 수 있다. 햇빛의 강도는 직사광선의 1/2에서 1/3 정도이다.

음지
창으로부터 1.5~2m 정도 떨어져 적당한 광이 있는 곳으로 직사광선이 전혀 들지 않는 곳이다. 햇빛의 강도는 직사광선의 1/4 정도이다.

토 양

식물을 잘 기르기 위해서는 뿌리가 건강하도록 하는 것이 중요하다. 뿌리가 건강해야만 우리가 눈으로 즐기는 잎과 꽃, 줄기 등의 지상부가 건강해지는 것이다. 가정에서 동양란을 기르다 보면 잎끝이 타들어 간다든지 잎이 뒤틀린다든지 하는 현상을 흔히 볼 수 있는데 뿌리의 상태가 나빠져서 활력이 떨어지기 때문에 나타나는 것이다. 건강한 뿌리를 만드는 것, 즉 뿌리를 감싸는 좋은 토양을 만드는 것이 식물을 기르는 중요한 포인트가 된다.

뿌리는 토양중의 산소를 흡수하여 호흡하면서 양분과 수분을 흡수한다. 따라서 뿌리가 산소를 흡수하기 위해서는 토양의 공극이 많아야 하고 수분을 흡수하기 위해서는 토양의 물가짐이 좋아야 한다. 다시 말해 좋은 토양이란 통기성이 좋고, 물을 주면 물이 잘 빠지면서도 적당한 수분을 간직하고 있는 토양을 말한다. 일반적으로 물을 주고 30초 동안에 물이 빠지고 하루종일 물을 머금고 있는 토양이 좋다.

물빠짐이 좋은 토양
모래와 같은 砂土는 보비, 보수력은 없으나 배수와 통기가 잘 된다.

물빠짐이 적당한 토양
사토와 점토가 반반 혼합되어 있는 토양으로서 식물재배에 적합하다. 또한 부엽토도 보비, 보수력이 좋으며, 통기성도 좋고 또한 토양 미생물의 활력도 좋아 배양토로 많이 이용된다.

물빠짐이 나쁜 토양
점토는 수분과 각종 무기성분을 흡착하고 보비, 보수력이 좋지만 물빠짐이 나빠서 통기성이 불량해지기 쉽다.

최근에는 다양한 화훼용토가 개발되었는데, 피트모스(peat moss), 버미큘라이트(vermiculite), 펄라이트(perlite), 하이드로볼(hydroball) 등을 잘 혼합하여 좋은 토양을 만들 수 있다.

온 도

　식물이 생육하는 데는 적당한 온도가 필요하며 온대식물은 대개 15~25℃에서 가장 잘 자라고, 열대식물은 25~35℃에서 잘 자란다. 따라서 우리나라의 경우 온대식물은 4월 하순~5월 하순 및 9월 중순~10월 중순에 생육이 왕성하고, 열대식물은 여름에 두드러진 생육을 보인다. 추파일년초, 추식구근, 장미과에 속하는 많은 화목류들은 일정기간(약 20일 이상) 저온(5℃ 이하)을 거치지 않으면 꽃이 피지 않거나 꽃이 핀다 하더라도 허약해진다. 이와 같이 일정기간 저온처리를 해야 발아하고 꽃이 피는 것을 춘화현상(vernalization)이라 한다.

　우리나라는 겨울철이 있기 때문에 열대나 아열대 원산의 식물들은 추위를 견딜 수 없어 실내에서 겨울을 보내야 한다. 추위에 견디는 정도를 내한성(cold hardiness)이라고 하는데, 이 책에서는 내한성의 정도를 다음의 세가지로 나누어 표시하였고, 기호가 없는 것은 추위에 약한 식물이므로 실내에서 길러야 한다.

❄❄❄　　-5℃까지 견딤

❄❄　　0℃까지 견딤

❄　　5℃까지 견딤

물 주 기

　식물은 체내에 80~90%의 수분을 함유하고 있으며 끊임없는 물의 흡수와 배출 과정을 통해 생장을 유지한다. 또한 물은 빛과 더불어 광합성을 통한 탄수화물 합성의 원료가 되고, 뿌리를 통해 흡수된 무기양분을 운반하며 식물체의 체형을 탄력 있게 유지시켜 준다.

　물주기의 기본은 토양의 표면이 말랐을 때 충분히 물을 주는 것이다. 물주기는 적당하게 말리는 것이 중요한데, 적당하게 말리면 뿌리의 발달을 촉진하고 물주는 과정에서 뿌리 주위에 신선한 공기가 유입되는 것이다.

계절별로 물을 주는 요령은 다음과 같다.

봄 봄부터 초여름까지는 기온이 올라가면서 식물의 생장도 왕성해진다. 이때 물주기에 특히 신경을 써야 한다. 다만, 겨울 동안 물 주는 간격을 줄여왔던 식물의 경우에는 급하게 물의 양을 늘려주면 뿌리가 상할 수가 있기 때문에 천천히 물의 양을 늘려 주도록 한다.

여름 여름철에는 아침의 시원한 시간이나 저녁에 물을 주는 것이 좋다. 기온이 높아지는 한낮에는 주지 않는 것이 좋다. 특히 호스에 남아 있던 물은 뜨거울 때가 있으므로 물을 주기 전에 반드시 확인하고 주도록 한다. 또한 장마철에는 과습에 대한 주의도 필요하다.

가을 가을도 봄과 마찬가지로 식물의 생장이 왕성한 시기이므로 충분히 물을 주도록 한다. 10월 하순부터는 기온이 점점 떨어져서 생장도 둔화되므로 물의 양도 점차적으로 줄여 나간다.

겨울 겨울이 되면 식물의 생장은 거의 정지해 있다. 이 시기에 물을 너무 많이 주면 뿌리가 상할 뿐만 아니라 썩어서 말라 버리는 경우도 있으므로 가능하면 조금만 주는 것이 좋다. 저녁에 물을 주면 밤사이에 물이 얼어버릴 수 있으므로 따뜻한 날 오전 중에 물을 주어 저녁에는 표토가 마르도록 한다. 물의 온도 또한 차가운 수돗물을 그냥 주지 말고 미지근한 물을 주는 것이 좋다.

비료

식물의 생장에 특히 중요한 영양분인 질소, 인산, 칼륨을 비료의 3대 요소라고 한다. 질소는 잎의 비료로서 잎과 줄기의 생장을 촉진한다. 인산은 꽃과 열매의 비료로서 꽃과 열매의 생장을 돕고, 꽃의 수를 늘리고 열매를 풍부하게 한다. 칼륨은 식물의 줄기와 가지를 튼튼하게 하고, 뿌리와 구근의 생장을 촉진하며 식물 전체의 생리작용을 조절하여 병에 대한 저항력을 강하게 한다.

비료에는 식물을 심을 때나 분갈이 할 때 미리 토양에 섞어두는 밑거름과 생장기에 비료부족을 보충하기 위해 주는 덧거름이 있다. 밑거름은 깻묵, 계분, 뼛가루와 같은 유기질 비료를 이용하면 장기간 지속적인 효과를 얻을 수 있다. 덧거름은 화분 위에 고형비료를 얹어 놓거나 액체비료를 살포한다.

식물 이름 찾아보기

식물 학명 찾아보기

서정남   고려대학교 대학원(농학박사)
         일본 시즈오까대학 PostDoc.
         일본학술진흥회 외국인특별연구원
         국립원예특작과학원 도시농업과

최지용   고려대학교 대학원(농학석사)
         제주대학교 대학원(농학박사)
         일본 큐슈대학 PostDoc.
         고려대, 단국대, 순천향대 강사
         현 삼성에버랜드 환경개발사업부

허무룡   고려대학교 대학원(농학박사)
         경상대학교 식물자원환경학부 원예학전공 교수

박천호   고려대학교 대학원(농학박사)
         고려대학교 생명산업과학부 교수

꽃이 숨쉬는 책 시리즈 ❹

분화 및 화단식물

2005년 3월 15일   초판   발행
2018년 4월 20일   개정판 발행

    지은이 : 서정남 · 최지용 · 허무룡 · 박천호
    만든이 : 정민영
    펴낸곳 : 부민문화사

    [0][4][3][0][4]   서울시 용산구 청파로73길 89(서계동 33-33)
             전화: 714-0521〜3   FAX: 715-0521
             등록 1955년 1월 12일 제1955-000001호
             http://www.bumin33.co.kr
             E-mail: bumin1@bumin33.co.kr

정가 12,000원

                             공급 한국출판협동조합

ISBN 978 - 89 - 385 - 0270 - 4   93520